營造神祕感、高定價策略、復刻產品、貨架焦點……
設計專屬誘因，每一樣商品都非買不可！

拒絕是成交的開場白，說服客戶

從聆聽開始

顧客的拒絕不是結束，而是成交的開始；
真正打動人心的，
是你的理解與「共感」

林泰元 著

目 錄

第一章
心態決定業績　　　　　　　　　　　　　　　005

第二章
挑剔顧客的背後，是潛在的購買機會　　　　　035

第三章
業務員必修的銷售心理學　　　　　　　　　　065

第四章
用真誠化解顧客情緒，成功拿下難纏大客戶　　103

第五章
心理學 × 定價策略：如何讓顧客心甘情願買單？　137

第六章
非語言銷售心理學：透過微表情與動作提升成交率　179

目錄

第七章
面對顧客的疑慮與抱怨,你的回應決定成交結果　　215

第八章
會說話的人不一定會賣東西,
但會聆聽的人一定能成交!　　253

第九章
讓成交變得簡單!
說話不只是技巧,更是一種心理學　　291

第一章　心態決定業績

熱情與堅持：銷售成功的關鍵動力

如何以積極態度面對挑戰，創造卓越業績

人生就像一條奔流不息的河流，途中充滿了風雨與波折。每個人都會經歷挑戰與磨難，而面對現實的種種變化，我們可以選擇消極退縮，或是以滿腔熱忱迎難而上。選擇哪條路，將決定我們最終能走多遠、成就多大。

工作在人生中占據了重要位置，它不僅是維持生計的手段，更是實現自我價值的舞臺。因此，對待工作，我們應該充滿熱情，堅持到底，而不是淺嘗輒止、半途而廢。尤其對於銷售人員來說，既然選擇了這條路，就應該全力以赴，追求卓越。有熱情才有活力，有活力才能突破自我，創造佳績。與其在抱怨中消耗生命，不如點燃熱情，讓工作成為實現自我價值的跳板。

一位心理學家曾說：「讓自己充滿熱情吧，熱情能幫助你克服恐懼，引領你走向成功，賺取更多的財富，擁有更健康、更快樂的生活。試著用熱情面對每一天，30 天後，你的世界將大不相同。」對於銷售人員來說，這句話同樣適用。當你一次次被顧客拒絕後，會選擇放棄，還是奮起直追？當身邊的同事業績蒸蒸日上，你甘願認輸，還是用行動證明自己的能力？成功與失敗的差別，就在於是否擁有持久的熱情與堅持的信念。

熱情 —— 點燃成功的火焰

　　熱情像是航行中的風帆，當它充滿時，可以推動我們不斷前行，超越困難，突破自我；而缺乏熱情的人，就像風平浪靜的海面，無力駛向遠方，停滯不前。熱情是一股無形的力量，讓我們全情投入，不畏挑戰，勇敢追求卓越。

　　有一位著名的創業家曾分享過一個經歷，他初創一家公司時，曾邀請三位不同的員工參與一個新產品的開發項目。一天，他走進辦公室，問每個人對目前工作的感覺。

　　第一位員工看起來焦躁不安，語氣充滿不滿地說：「這份工作真的是沒意思，每天都在做那些重複的事情，根本沒有挑戰。」

　　第二位員工則有些無奈，眼神中透露著些許疲憊：「我只是不想讓這段時間白過，為了賺錢養家，只能繼續做下去。」

　　然而，第三位員工卻充滿激情地回答：「我正在參與一個改變市場的產品開發！每一個設計和改進都是為了幫助我們的用戶，創造更好的體驗，雖然過程辛苦，但能為這個公司貢獻我的力量，讓我覺得充滿動力！」

　　這三位員工面對同樣的工作，卻因為不同的心態和熱情，產生了截然不同的結果。第一位員工無法找到工作的價值，工作成了負擔；第二位員工因為現實壓力，勉強接受了工作；而第三位員工充滿使命感，帶著熱情不斷努力，推動著公司的創新和進步。這正是熱情的力量，它能讓我們對工作充滿動力，影響我們的成就，甚至決定我們未來的方向。

第一章　心態決定業績

銷售人員的熱情，決定了成交的可能

對於業務員來說，熱情更是不可或缺的成功要素。銷售並非簡單的買賣，而是一場與顧客的心理戰。在這場戰役中，熱情能幫助你：

克服被拒絕的恐懼，讓你一次次地嘗試，直至成功。

展現自信與吸引力，讓顧客願意傾聽，甚至被你的熱情感染。

提升耐心與毅力，即使遭遇挫折，也能從容應對，不輕易放棄。

試想，當你滿懷熱情地向顧客介紹產品，與顧客建立友好關係時，顧客自然也會感受到你的誠意與專業，從而提高成交機率。反之，若你態度消極、無精打采，即使產品再優秀，顧客也很難對你產生信任。

如何保持並激發熱情？

然而，現實是殘酷的，許多人在剛進入職場時充滿幹勁，時間久了卻被現實消磨，對工作產生倦怠感。如何維持長久的熱情，讓自己始終保持高昂的鬥志？

找到工作的意義

不要只為了薪水而工作，而是尋找工作帶來的成就感。例如：銷售人員不只是賣產品，而是在幫助顧客找到最合適的解決方案。

訂立清晰的目標

設定短期與長期目標，並不斷挑戰自我，每達成一個小目標，都是對熱情的燃料。

正向思考，避免抱怨

每當面臨困難時，試著從正面角度看待問題，避免陷入負面情緒。

激勵自己，保持動力

透過閱讀成功人士的故事、參與專業培訓、與積極向上的同事交流，為自己注入更多能量。

適時調整狀態

當發現自己開始疲憊時，適時休息、轉換環境，讓自己重新充電，恢復熱情。

讓熱情成為你的核心競爭力

在這個競爭激烈的時代，擁有熱情的人，更能堅持到底，不被困難擊倒。熱情不僅是驅動成功的引擎，更是一種無形的感染力，能夠影響你的同事、顧客，甚至改變你的職業生涯。

銷售的世界充滿挑戰，但也蘊藏無限機會。那些最終脫穎而出的頂尖業務員，無一不是充滿熱情、樂於挑戰、不斷突破自我的人。當你以熱情面對每一天，業績將不再是遙不可及的夢想，而是必然的結果。

所以，從今天開始，點燃你的熱情吧！讓熱情成為你的競爭力，讓成功成為你的日常！

第一章　心態決定業績

成為銷售冠軍的關鍵：掌握時間與高效能

如何運用時間管理策略，在銷售戰場中脫穎而出

銷售是一份極具挑戰性的工作，若要形容其辛勞，恐怕「比雞起得還早，比老鼠睡得還晚，比狗的警覺性還高」都不為過！這不僅是一場對體力與精力的考驗，更是一場與市場動向、客戶心理較量的競技。

在這場沒有硝煙的戰爭中，銷售人員需要掌握：

- 與客戶的溝通技巧——懂得傾聽，善於提問，抓住對方真正的需求。
- 專業的產品知識——讓客戶相信你提供的不是商品，而是解決方案。
- 市場趨勢與競爭情報——時刻關注市場變化，調整銷售策略。
- 高度的自律與體力分配——銷售是一場耐力賽，只有高效運用時間，才能搶占先機。

銷售不是請客吃飯，而是戰場上的博弈

有人說：「銷售不是請客吃飯，不是寫文章，更不是繪畫繡花，不能那樣雅致、從容不迫。銷售是一場沒有硝煙的戰爭！」這場戰爭的勝負不取決於話術的華麗，而在於業績與成交數字。銷售沒有空談，只有結果。

如果想拿下更多訂單、提升業績，就要提高見客戶的機會。銷售是一場「數字遊戲」，拜訪的客戶越多，成交的機率就越大。那麼，如何有效

提高自己的銷售業績呢？

答案很簡單：從早睡早起開始，從提高拜訪量做起。

頂尖業務員的黃金法則：早起搶占先機

世界上最偉大的銷售員喬‧吉拉德（Joe Girard）曾經創下單日銷售最多汽車的世界紀錄。他的一天，從清晨開始：

- 6:00 —— 與第一位客戶共進咖啡。
- 7:00 —— 與第二位客戶喝果汁。
- 7:30 —— 與第三位客戶吃三明治。

把早餐拆成三次，見完三位客戶，當普通業務員還在床上賴床時，他的業績就已經領先了。

這就是頂尖業務員的黃金法則：早起、準備充足、搶占先機。

如何利用「時間管理」提高成交率？

前一天規劃拜訪計畫

每天晚上提前安排好第二天的拜訪行程，確保每一分鐘都用在最有價值的客戶身上。

清楚列出「主要目標客戶」、「潛在客戶」、「關鍵決策人」，根據優先順序安排時間。

早起迎接第一波機會

早上6點起床，準備當天的資料與簡報，確保8點前已經與第一位客戶會面。

第一章　心態決定業績

許多高層主管的行程排得滿滿的，越早見面，客戶的專注力越高，談判成功的機率越大。

精準約時間，避免浪費客戶時間

客戶的時間就是金錢，早到不遲到，最好提前 10 分鐘抵達現場，充分準備。

如果因突發狀況無法準時赴約，務必提前通知客戶，表達歉意，並爭取重新安排時間。

> 時間管理的價值：
> 為什麼「守時」比你想像的更重要？

一位名叫小陳的業務員，剛入行時就因為遲到 15 分鐘，導致一單大生意泡湯。他當時納悶：「不就幾分鐘嗎？客戶至於這麼生氣？」但後來，他的主管告訴他一個道理：

「如果你的薪水晚發 10 天，你願意嗎？」

「如果你去看牙醫，為了趕時間開車狂飆，結果到了診所卻等了 20 分鐘，你會怎麼想？」

時間對於客戶來說，就是金錢，你遲到，就等於浪費客戶的錢！

所以，身為銷售人員，我們不僅要「守時」，還要提早到場。

提前 10 分鐘到場不僅是對客戶的尊重，更能讓自己做好心理準備，提高會面的成功率！

如何建立「守時＋高效」的職業習慣？

每天晚上列出第二天的拜訪名單

確保行程清晰明確，減少時間浪費。

把拜訪路線規劃好，避免臨時趕場導致遲到。

提早 10 分鐘到場，絕不讓客戶等你

提前準備，避免匆忙導致談話表現失常。

客戶看到你準時甚至提早到場，會對你的專業度與誠意加分。

主動聯絡客戶，確認會議安排

遇到突發狀況不能準時赴約，應該提前通知客戶，表達歉意並重新安排時間。

善用晨間時間，讓一天從高效開始

早起可以讓你的精神飽滿，更有條理地面對每一位客戶。

許多高成就人士（企業家、銷售冠軍）都強調：「早起是一種競爭力。」

搶占時間先機，讓自己成為銷售冠軍！

銷售是一場沒有硝煙的戰爭，在這場戰爭中，唯有最精準掌握時間、最勤奮努力的業務員，才能脫穎而出。

- 每天多見幾位客戶，你的成交機會就比別人多！
- 每天早起 1 小時，你的業績就比別人領先！
- 每天提早 10 分鐘到場，你的專業度就能獲得客戶信任！

銷售不是靠運氣，而是靠紀律、專業和時間管理。從現在開始，讓自己成為時間管理的高手，用行動證明自己，用業績說話！

第一章　心態決定業績

敷衍的危險：銷售成功的隱形殺手

如何避免敷衍態度，提升責任感與業績表現

敷衍，指的是人在辦事時責任感不強，採取應付的態度。這不僅是一種消極的心理反應，也是一種對自身未來的不負責任。在銷售工作中，敷衍的態度會讓業務員喪失進取心，缺乏對完美的追求，最終導致業績下滑，甚至失去客戶的信任。

敷衍工作的根源

業務員之所以會產生敷衍心理，往往來自兩個方面：

公司環境與激勵機制

若公司無法提供合理的獎勵機制，讓業績優秀的業務員得不到應有的肯定與晉升，這將嚴重打擊員工的積極性。當業務員看不到奮鬥的希望，他們可能會產生「反正努力和不努力都是一樣的結果」的想法，進而選擇消極應對。

個人態度與思維模式

心態決定行動，行動決定結果。積極的態度能激發人奮發向上的動力，而消極的態度則會讓人失去責任感，逐漸變得敷衍了事。一旦人性中的惰性被放大，就會使業務員產生「反正不是自己的公司，業績也與我無關」的錯誤認知，進而影響工作表現。

敷衍工作的後果

敷衍的態度不僅會影響個人表現,也會對企業造成傷害。例如:

對客戶應付了事:業務員若缺乏熱情與專業態度,客戶很快就能察覺,這將導致信任危機,讓客戶轉向競爭對手。

業績下降,影響個人職涯:銷售是一門以結果為導向的工作,敷衍只會讓自己的業績停滯不前,甚至遭到淘汰。

損害企業形象:銷售人員代表公司的品牌,若業務員態度消極,將直接影響公司的市場競爭力。

案例:消極應對的後果

小紀是一家保險公司的業務員,剛開始還有熱情,但因為覺得薪資太低,主管也不夠重視員工,他開始抱怨:「我賣得再多,公司賺的還是比我多,這樣的工作不值得我拼命!」於是,他對待客戶敷衍了事,拜訪時漫不經心,不關心客戶需求,最終導致客戶流失,業績每況愈下。後來,公司對業績低迷的員工進行考核,小紀因為長期態度消極而被辭退。

這個案例說明了一個道理:如果你敷衍工作,工作就會敷衍你。

如何擺脫敷衍心理?

要改變這種消極的態度,業務員應該從內外兩方面入手:

改變思維,找回工作的價值感

工作不只是為了薪水,更是實現自我價值的途徑。心理學家馬斯洛的需求層次理論指出,人們不僅需要滿足基本的生存需求,還需要尊重、成就感以及自我實現。業務員應該把銷售視為一項專業的職業,而不只是賺錢的手段。

第一章　心態決定業績

以老闆精神對待工作

把公司的發展與自己連繫起來，建立責任感與歸屬感。銷售不是單打獨鬥，而是團隊合作的一部分。若公司提供的體制不公平，應該主動溝通尋求解決，而非消極應對。如果覺得公司不適合自己，應該選擇更有發展的地方，而不是透過敷衍來消極「報復」。

讓自己成為「關鍵少數」

在任何環境下，都要讓自己成為無可取代的人。提升自己的專業能力，掌握市場趨勢，積極參與培訓與學習，讓自己成為銷售行業的佼佼者。當你成為不可替代的人，公司和客戶自然會更加重視你。

追求卓越，細節決定成敗

- 進行顧客分析，確保每一次拜訪都能帶來價值，而不是單純「例行公事」。
- 強化時間管理，提高工作效率，而不是用敷衍的方式消磨時間。
- 培養積極的職業態度，即使在困難時期，也能保持專業與熱情。

設立個人目標，打造職業發展藍圖

許多業務員之所以敷衍，是因為缺乏長遠的目標。與其抱怨，不如為自己設立清晰的職涯規劃，將每一次成交視為累積經驗、提升能力的機會。

工作態度決定未來

當你敷衍對待工作時，工作也會回報你一個敷衍的未來——低業績、客戶流失、職業發展受限。但如果你選擇積極對待，把自己當作職場

的主人翁，提升自己的價值，那麼公司與客戶都將對你刮目相看。

　　最終，一個人的職業高度，取決於他的態度與努力，而不是環境與運氣。

心態為王：銷售成功的關鍵決定因素

心態決定成敗

在銷售領域，一個人能否成功，往往取決於他對待工作的心態。積極心態能讓人以樂觀的態度面對挑戰，抓住機會，而消極心態則會讓人畏縮不前，錯失良機。這樣的心態差異，最終導致了巨大的成就落差。

現實中，我們經常看到這樣的情況：

- **成功的業務員**：充滿自信與熱情，積極面對客戶，即使遭遇拒絕，也不會輕言放棄，反而尋找新的機會，最終獲得突破。
- **失敗的業務員**：遇到困難時選擇退縮，將失敗歸咎於環境或市場，缺乏自我提升的動力，最終陷入停滯。

心理學研究表明，積極心態能影響一個人的行為模式，使其更具行動力，進而提升工作效率與業績。對於業務員而言，積極的心態不僅能增強自信，還能激發潛能，在銷售過程中展現最佳表現。

案例對比：東南亞市場的不同選擇

有兩名業務員被公司派往東南亞推銷智慧家居設備：

第一名業務員發現當地的家庭對智慧家居產品知之甚少，且普遍對此類新技術感到陌生，因此他認為這個市場不具潛力，最終選擇放棄並返回本國。

第二名業務員同樣發現當地對智慧家居設備的認知不足,但他看到了這背後的巨大需求,並積極投入市場教育和推廣。

經過一段時間的努力,他成功開發出大量潛在客戶,並取得了驚人的銷售成績。

這個案例告訴我們,市場機遇往往源於對未知的積極探索。相同的市場環境,不同的心態能帶來截然不同的結果。業務員應該時刻保持開放的心態,發現潛在需求,才能抓住市場機會,並取得成功。

拒絕只是過程,堅持才能成功

銷售過程中,拒絕是無可避免的一部分。面對客戶的拒絕,有些業務員選擇放棄,而有些則能從中學習並持續改進策略,不斷提升自己的銷售技巧,最終打動客戶,成功達成交易。

林志鴻的成功祕訣

林志鴻是「臺灣房屋草屯民權加盟店」店東曾獲「不動產經紀人組」傑出楷模,他成功地建立了自己的銷售帝國。他的成功之一在於無論遇到多少拒絕,他總是能從中吸取經驗,並保持積極的心態。林志鴻的銷售策略十分直接,他會不斷拓展自己的客戶基礎,每天都進行大量的客戶拜訪和電話聯繫,並善於利用社交平臺來推廣自己的業務。

曾經,有一位潛在客戶在多次聯絡後依然保持冷漠,但林志鴻並沒有氣餒。他繼續堅持與該客戶保持聯絡,並根據客戶的需求提出具體的解決方案。最終,他成功地將這位客戶轉化為長期合作夥伴,並且得到了可觀的業績回報。

這個案例告訴我們,業務員應該在面對拒絕時保持積極的心態,勇於

第一章　心態決定業績

推銷自己，並將每一次挑戰視為前進的動力。成功不會輕易到來，只有堅持不懈地行動，才能最終獲得成果。

如何培養積極心態？

積極心態並非天生，而是可以通過刻意練習培養的。以下幾個方法有助於業務員維持積極的銷售狀態：

設立明確目標

每天為自己設定一個小目標，如「今天要成功說服 3 位顧客」，當完成目標時，自信心會隨之提升。

學會自我激勵

每天開始前，告訴自己：「今天一定能成功！」

記錄自己的成功案例，回顧自己的成長歷程，增強信心。

不怕失敗，勇於挑戰

視拒絕為正常現象，每次被拒絕後，思考如何改進話術與策略，將挫折轉化為學習機會。

培養樂觀思維

面對困境時，積極尋找解決方案，而不是抱怨或退縮。

維持良好的人際關係，與積極正向的人交流，從他們身上獲取正能量。

行動勝於空談

與其擔心結果，不如立即行動。成功的機會來自不斷嘗試，而非等待機會降臨。

積極心態是成功的基石

　　業務員的成功與否，關鍵在於心態的選擇。選擇積極，就意味著選擇機會；選擇消極，就意味著選擇放棄。當你以積極的態度面對市場挑戰，持續努力，就能不斷提升自己的銷售能力，創造輝煌業績。

　　請記住，銷售的本質不僅是推銷產品，更是推銷自己。當你以樂觀、自信、熱情的態度面對每一位客戶，他們也會被你的正能量感染，最終選擇信任你，與你合作。積極心態，是開啟銷售成功的金鑰匙！

第一章　心態決定業績

信任為基：
如何在銷售中建立品牌與客戶關係

建立自信，打破客戶防線，實現長期合作

在銷售過程中，業務員往往面臨客戶的警戒心與誤解。這種現象源於多方面因素：

- 顧客的自我保護意識，導致對業務員的防備心理。
- 市場上不肖商人的詐欺行為，加深社會對業務員的偏見，使客戶對銷售行業產生懷疑。
- 缺乏了解與溝通，讓業務員難以建立良好客戶關係。

這些因素使許多業務員在推銷時遭遇冷遇，甚至面臨侮辱與拒絕，導致他們失去自信，甚至懷疑自己的職業價值。然而，真正的銷售不是欺騙，而是提供價值、解決需求。只有建立信任品牌，業務員才能突破顧客的防線，獲得長期合作關係。

信任來自自信

缺乏自信是許多業務員失敗的關鍵因素。想要獲得顧客的信任，業務員首先必須相信自己的專業能力與產品價值：

- 相信自己的職業 —— 推銷不是詐騙，而是幫助客戶解決問題。
- 相信自己的能力 —— 專業知識與溝通技巧是說服客戶的關鍵。

- **保持尊嚴與自信** —— 不卑不亢，與客戶建立平等關係，展現專業價值。

許多業務員在面對知名企業家、專業人士或高層管理者時，會因為對方的地位與財富而感到自卑與膽怯，最終導致談判失敗。然而，真正的業務精髓在於專業與價值的展現，而不是身分地位的比較。

布魯金斯學會的挑戰：向總統推銷商品

布魯金斯學會培養頂尖業務員，並設計了「向美國總統推銷商品」的考驗。在 26 年內，無人能成功完成這項挑戰，許多業務員在挑戰前就選擇放棄。然而，喬治‧赫伯特不僅接受了挑戰，還成功把一把斧頭賣給了時任美國總統喬治‧布希。

他的策略

- **了解客戶需求** —— 喬治‧赫伯特研究發現布希總統在德州擁有農場，並需要砍伐枯樹。
- **量身打造銷售話術** —— 他寄了一封信給總統，強調這把斧頭是他祖父留下來的，適合砍枯樹。
- **建立情感連結** —— 他沒有把銷售當作「推銷商品」，而是「提供價值」，讓總統認為這把斧頭對他有幫助。

最終，布希總統回覆並購買了這把斧頭，喬治‧赫伯特成功完成挑戰，獲得布魯金斯學會「最偉大業務員」的金靴獎。

關鍵點

- **自信是說服的基礎** —— 如果喬治‧赫伯特認為「總統不可能買我的產品」，那麼他永遠不會成功。

第一章　心態決定業績

- **銷售不是硬性推銷，而是提供價值**——他不是強迫總統買斧頭，而是透過需求匹配，讓總統主動購買。
- **個人品牌與信任感至關重要**——他的專業與誠信讓總統對他產生信任，從而促成交易。

建立信任品牌的關鍵

信任不是一蹴可幾，而是透過長期累積的誠信、專業與穩定關係建立起來的。以下幾個方法可幫助業務員樹立信任品牌：

提供專業知識，成為顧客的顧問

業務員應該不只是賣產品，而是為客戶提供專業意見與解決方案。

讓客戶感受到：「這個人懂行業，值得信賴。」

誠信為本，不誇大不欺騙

透明化銷售，清楚說明產品優勢與限制，讓顧客放心購買。

一次欺騙，可能讓你失去一生的客戶與口碑。

與客戶建立長期關係

銷售不只是一次性的交易，而是長期合作。

經常與客戶保持聯絡，提供額外價值，建立信任感。

展現自信，不卑不亢

在客戶面前表現專業，避免過度謙卑或過於奉承。

銷售是平等交易，不是討好或取悅對方。

個人品牌打造

讓更多人知道你的專業與價值,例如:

- ◆ 在社群媒體分享專業知識。
- ◆ 參與產業活動,增加曝光度。
- ◆ 積極主動建立人脈,讓自己成為業界的可信賴專家。

結語:自信與信任是銷售的成功密碼

信任是銷售最寶貴的資產,而自信則是建立信任的基石。銷售人員要相信自己的價值,並透過誠信與專業,讓客戶從懷疑轉變為信任。當你能夠不畏懼挑戰,自信地與客戶互動,提供真實的價值,那麼銷售不再是一次性的交易,而是一場長久的合作與關係建立。

請記住 —— 信任品牌的建立,始於你對自己的信心與誠信!

積極主動,掌握成功的主導權

不要等待,主動出擊才能創造機會

許多人在面對挑戰時,總是習慣被動等待,認為時機成熟時,機會就會自動降臨。然而,這樣的想法往往導致錯失良機。成功者的共同特質,就是勇於主動出擊,把握每一個可能的機會,而不是消極等待。

回顧日常生活,這種被動心態無所不在:

- 早上鬧鐘響了,本該起床,卻對自己說:「再睡五分鐘」,結果遲到了。
- 工作時間已到,卻還在拖延、猶豫,無法迅速投入工作。
- 客戶進入店裡,業務員卻遲遲不主動接待,讓機會白白流失。

這些習慣看似微不足道,但長久累積起來,將決定一個人的事業高度。尤其是在銷售行業,機會不會主動找上門,只有積極主動,才能創造交易。

主動出擊是銷售成功的關鍵

銷售競爭激烈,業務員的業績不會從天而降,而是靠努力爭取來的。市場中充滿競爭對手,如果不搶先一步,就會被其他業務員奪走客戶。正如那句經典名言:「努力不一定成功,但放棄一定失敗」,業務員可以這樣理解:「爭取不一定成交,但等待一定會失去。」

例如：一位業務員若每天與 50 位客戶接觸，其中只有 15 位願意聆聽，而最後只有 1 位成交，這仍然是一種成功。因為這表示，他的努力換來了實際的業績。而如果完全不行動，成交機率將是 0%。

案例：小李的積極行動，開拓未開發市場

某壽險業務員小李剛入行時，發現公司的同事幾乎都專注於中產階級客戶，沒有人願意主動開發企業老闆、高層管理者等成功人士的市場。當他詢問原因時，得到的回應是：「這些成功人士早就買過保險了，不值得浪費時間。」

然而，小李並沒有盲目接受這個說法，而是選擇主動去試試看。他開始積極拜訪這些企業家，雖然初期遇到許多拒絕，但透過努力，他成功說服了幾位董事長購買保單。這些董事長對他的服務滿意後，便向其他企業家推薦了他，最終幫助他打開了一整個高端市場，獲得了驚人的業績。

關鍵點：

- 別人認為沒有機會的地方，往往隱藏巨大商機。市場的機會永遠存在，端看你是否願意去開發。
- 行動勝過猜測。不要用「可能沒機會」來阻止自己，而是應該用「如果試試呢？」的態度去挑戰。
- 主動出擊的人，總能發現新機會。小李在別人放棄的市場中找到了藍海，證明了積極主動的重要性。

第一章　心態決定業績

消極等待＝失敗的開始

業務員最常見的錯誤，就是抱持以下心態：

- 「市場競爭太激烈，客戶已經被其他業務員搶走了。」
- 「這個客戶應該沒興趣，不如不要浪費時間。」
- 「等客戶自己來找我吧，我不想主動去推銷。」

這樣的消極態度，只會讓自己陷入業績不佳的困境。試想，一位業務員在等客戶主動找他時，競爭對手早已多次登門拜訪，甚至已經成功成交。機會從不會留給消極等待的人，而是屬於那些主動行動、不斷尋求突破的人。

成功來自持續的嘗試

古語云：「千里之行，始於足下。」意思是，成功來自於每一次的努力累積，而不是憑空而來。沒有人天生就能成功，所有的頂尖業務員，都是在一次次的挫折與嘗試中成長起來的。

如何養成「主動出擊」的習慣？

每天為自己設定主動行動的目標

例如：「今天我要主動聯絡 10 位新客戶」、「今天我要主動向 5 位顧客介紹產品」。

不要害怕拒絕

每一次的拒絕，都是向成交更進一步。與其害怕失敗，不如思考：「如何從拒絕中學習？」

及時行動，不拖延

當想到要做某件事時，立即執行，不給自己藉口。成功者與失敗者的區別，往往就在於「是否立即行動」。

觀察市場，發掘新機會

競爭對手忽略的地方，可能正是你的機會所在。例如：小李發掘企業高層市場，打開了新銷售領域。

相信自己，持續嘗試

如果一個方法行不通，就換個方法，但不要輕易放棄。耐心與持續行動，是銷售成功的關鍵。

主動出擊，才能掌握成功

消極等待只會讓你錯失機會，而積極行動才是通往成功的不二法門。對業務員來說，每一次主動嘗試，都是一次增加成功機率的機會。就像小李的例子，他沒有被消極的市場觀點束縛，而是勇敢開發高端客戶，最終成為頂尖銷售員。

請記住：

◆ 等待，等來的是失敗；行動，才有機會創造成功。
◆ 市場的競爭無所不在，關鍵在於你是否願意主動出擊，掌握先機。
◆ 成功來自不斷的嘗試，每一次努力，都是邁向勝利的一步。

別等待，現在就開始行動！

第一章　心態決定業績

業務員的首要工作：讓顧客喜歡你

　　銷售的過程，並不僅僅是商品的交易，更是一場業務員與顧客之間的信任建立。顧客雖然最終是為了商品而來，但他們首先接觸的卻是業務員。這意味著，業務員本身就是銷售過程中最重要的一部分。

　　如果業務員態度誠懇、舉止得體，能夠展現出專業與親和力，那麼即使顧客原本沒有購買計畫，也可能會因為對業務員的信任而決定下單。反之，若業務員表現冷漠、缺乏熱情，甚至對顧客愛理不理，那麼即便產品再好，顧客也可能會選擇離開。

> 銷售的第一步，不是推銷產品，而是推銷自己。

成功業務員的關鍵特質

　　一名優秀的業務員，首先要讓自己成為顧客願意信賴的人。以下是成功業務員應具備的幾個關鍵特質：

良好的外在形象

　　衣著整潔大方，給人專業可靠的感覺。

　　言行舉止得體，展現自信與禮貌。

　　一張親切的笑臉，往往能拉近與顧客的距離。

真誠的態度與熱情

　　顧客不僅會購買產品，更會購買你的態度。

　　讓顧客感受到，你是真心關心他們的需求，而不只是想賣出產品。

專業的產品知識

熟悉產品特性,能夠根據顧客需求提供適合的建議。

解答顧客疑問時要有條理、清晰,展現你的專業度。

傾聽與理解能力

顧客不只是來聽你說話的,他們更希望被理解。

耐心聆聽,找出他們的真正需求,而不是急著推銷。

建立長期關係,而非短期交易

不要只想成交,應該想著如何讓顧客願意再回來找你。

讓顧客覺得自己得到尊重與重視,建立長期合作的基礎。

案例:從失敗到成功,業務員的自我提升

有一位剛入行的保險業務員,在初期的銷售過程中屢屢受挫,無法達成交易。儘管他非常努力,卻總是遭到顧客的拒絕。

後來,他開始反思,究竟是哪裡出了問題?產品沒有問題,那麼問題可能就是自己。於是,他邀請朋友和同事來給自己提出建議,發現了許多問題,例如:

- 性格急躁,缺乏耐心
- 專業知識不足,無法給顧客充分的信心
- 過於急於成交,讓顧客感受到壓力
- 缺乏共情能力,沒有站在顧客的角度思考

了解這些缺點後,他下定決心改變自己。他開始練習耐心傾聽,增強專業知識,並在與顧客交談時展現真誠的關心。漸漸地,他的業績開始大

第一章　心態決定業績

幅提升，顧客不僅願意購買他的產品，還主動介紹新客戶給他。

這個故事告訴我們，業務員的成敗，往往取決於自己的形象與態度，而非產品本身。

顧客先買「你」，再買你的商品

銷售並不是一次性的交易，而是與顧客建立關係的過程。

研究顯示，約70%的顧客是因為業務員的服務態度，而選擇是否購買產品。這意味著，顧客的決策不僅受到產品本身影響，更取決於他們對業務員的信任與好感。

讓顧客先喜歡你，才能成功銷售

顧客購買的不僅僅是產品，更是業務員提供的「感受」。

如果顧客喜歡你，他就會更願意相信你；如果顧客信任你，他就更願意接受你的推薦。

所以，成功的業務員應該做到：

- 讓顧客覺得你值得信賴
- 讓顧客感受到你的誠意
- 讓顧客認為你真的在為他們著想，而不只是為了賺錢

當你贏得了顧客的心，銷售就變得容易許多。

顧客至上的心態，成就事業長久發展

將顧客視為朋友，業務才能跨越推銷界限，建立真正的夥伴關係

有一句話說得好：「當你把顧客當朋友，顧客才會把你當夥伴；當你只把顧客當成一筆生意，顧客也只會把你當成推銷員。」

業務員應該關心顧客，而不只是關心成交。

當你真正為顧客考慮，提供額外的幫助，顧客會感激你的真誠，甚至主動幫你介紹新客戶。

案例：關心顧客，收穫長久信任

細膩服務贏得顧客信任

有一次，一位年長的顧客來汽車展示間看車，原本與他聯絡的業務員休假，由另一位業務人員怡君熱情接待。怡君不僅詳細地介紹各種車款，更主動協助這位顧客處理領錢、取車、加油等瑣事。這位年長的顧客深受感動，感覺到怡君的用心與真誠，之後每次到展示間，都會特別前來與她打招呼閒聊，雙方也逐漸成為好友。

透過真誠關心與細膩的服務，怡君不但讓顧客感受到溫暖，也為自己開創更多客戶推薦及合作機會。

從需求傾聽到成功成交

另一個類似的情況也發生在加拿大家電銷售顧問史蒂芬身上。史蒂芬曾經拜訪過幾家一開始對購買電器並無興趣的農場，農場主人認為一般的電器產品對農場經營沒有實質幫助。面對這種情況，史蒂芬沒有急於推銷，而是先耐心了解農場主的想法，主動關心他們所關切的話題，例如如何增加農場產量、有機耕作方法、動物健康管理等。透過這種方式，農場主逐漸對史蒂芬產生信任與好感，之後史蒂芬才適時地提出家電產品對農場日常工作的便利性與經營效益，最終成功完成交易。

成功銷售的基礎是信任關係

　　以上這兩個案例充分展現，銷售成功的關鍵往往在於與顧客建立穩固的信任關係，當顧客對銷售人員產生認同感之後，成交便自然而然成為必然的結果。

◆ 銷售的第一步，不是推銷產品，而是讓顧客先接受你。
◆ 業務員的形象、態度、專業度，決定了顧客是否願意信任你。
◆ 與顧客建立關係，關心顧客的需求，才能長久維繫客戶。
◆ 當顧客覺得你是值得信賴的朋友，他們會更願意購買你的產品。

第二章
挑剔顧客的背後，
是潛在的購買機會

第二章　挑剔顧客的背後，是潛在的購買機會

善用顧客挑剔心理，成功促成交易

「嫌貨才是買貨人」的心理學

俗話說：「嫌貨才是買貨人。」顧客在對產品挑毛病的同時，往往意味著他對這件產品產生了興趣。如果他完全不想購買，根本不會仔細觀察，更不會花時間去找出其中的問題。因此，當顧客對產品「雞蛋裡挑骨頭」時，並不是壞事，反而說明他已經在認真考慮購買的可能性。

相反，那些對你的產品毫無興趣、不聞不問的顧客，才是真正不會購買的人。他們可能只是隨便看看，甚至只是單純閒逛，並沒有真正在尋找合適的商品。

案例分析：商場中的挑剔顧客

有一次，一位顧客在購物中心挑選一款名牌手提包，對包包的各種細節百般挑剔：

「這包包的縫線怎麼那麼不均勻？」、「為什麼這款包包的顏色看起來有點暗，和照片不一樣？」、「這麼貴，為什麼還會有這麼多瑕疵？」

店員始終保持微笑並回應：「這款包包的設計是經典款，面料和工藝經過嚴格挑選，所有細節都是為了耐用和舒適，如果它是完美無瑕的，價格可能會高得多。」

最終，顧客雖然挑剔，但在了解更多產品的獨特價值後，仍決定以原價購買這款包包。

這個案例證明了：顧客的挑剔和抱怨並非完全的拒絕，而是他們對產品有興趣，並希望獲得更好的交易條件或服務。業務員應該看作是一種購買信號，並以專業和自信回應顧客的疑慮。

顧客為何挑剔？兩大心理動機

當顧客開始挑剔產品時，通常是出於兩個原因：

他確實對產品有興趣

如果顧客完全不想買這個東西，他根本不會浪費時間挑毛病。當顧客開始問東問西，甚至找問題時，代表他其實正在認真考慮購買。

他想要獲得最大的優惠

顧客指責你的產品，很多時候只是想讓你主動降價。他希望透過「找缺點」，讓你認為產品有問題，進而自行調整價格，甚至提供折扣或額外贈品。這是一種常見的議價策略，而不代表他真的認為產品不好。

業務員應該如何應對挑剔的顧客？

面對這類「難纏」的顧客，業務員應該採取適當的策略，而不是輕易讓步。以下是幾個應對方法：

用微笑面對顧客的挑剔

微笑是一種最強大的武器，不僅能展現專業與自信，也能讓顧客感受到親切和尊重。當顧客態度強硬時，千萬不要板著臉或與對方爭辯，而是要保持微笑，以禮待人。

案例中的銷售員，即使面對挑剔的客人，仍然不改微笑態度，最終讓顧客心服口服，願意以原價購買包包。

第二章　挑剔顧客的背後，是潛在的購買機會

對產品充滿自信

當顧客批評產品時，業務員應該表現出對產品的信心與專業，而不是急於辯解或降價。例如：

- ◆ **顧客**：「這件衣服質感不太好啊。」
- ◆ **業務員**：「這款衣服選用的是 100% 純棉材質，透氣舒適，而且非常耐洗，是許多顧客的首選。」

當業務員展現專業並解釋產品的優勢時，顧客的態度通常會軟化，甚至更願意購買。

堅持價格原則，避免無謂讓步

如果你的產品價格合理、品質有保障，那麼就不應該輕易因顧客的挑剔而降價。相反，應該強調產品的價值，而非價格本身。

示例對話

- ◆ **顧客**：「這雙鞋這麼貴，能不能便宜點？」
- ◆ **業務員**：「這款鞋採用頂級牛皮，透氣耐用，如果便宜的話，可能無法提供這樣的品質。」

當業務員能夠堅持產品價值，而不是輕易討價還價，顧客反而更容易接受原價購買。

掌握適當的讓步時機

有些顧客確實希望獲得一點「額外好處」，這時候，與其降價，不如提供額外價值，例如：

- 買一件衣服，送一條圍巾
- 買滿一定金額，送小禮品
- 提供延長保固或免費保養服務

這樣的讓步方式，不僅能夠滿足顧客的議價心理，也能維持產品的價值感。

挑剔的顧客是「潛在客戶」，應該善加把握

- 顧客的挑剔，通常代表他對產品感興趣。
- 有些顧客挑剔只是為了獲得更好的優惠，不代表真的不滿意。
- 業務員應該保持微笑，展現專業與自信，而不是輕易降價。
- 透過強調產品價值，而非價格，讓顧客更願意接受你的報價。
- 適當提供額外價值，而非直接降價，能夠讓顧客滿意，又不影響品牌形象。

「嫌貨才是買貨人」，當顧客開始挑剔時，就是成交的最佳時機！

換位思考，拉近與顧客的距離

在銷售的世界裡，真正的成功來自於理解顧客、體察他們的需求，並提供他們覺得「物超所值」的解決方案。銷售人員若能夠設身處地的為顧客著想，便能拉近與顧客的距離，促成更多交易。以下幾點是銷售人員在推銷過程中應注意的重點：

理解顧客的需求，而不僅是推銷產品

顧客購買產品並非單純為了「商品本身」，而是希望獲得「解決問題的方案」。銷售人員應將自己定位為「顧問」而非「賣家」，站在顧客的角度思考，挖掘顧客的真正需求。比如：一位顧客來買相機，他真正想要的可能不是相機本身，而是捕捉生活中的美好瞬間。若業務員只強調相機的技術規格，可能無法打動顧客；但若從「記錄回憶」或「拍出專業級質感」的角度切入，顧客的興趣可能更大。

傾聽，勝過滔滔不絕的推銷

許多銷售人員總以為話說得越多、越賣力，就越能說服顧客。事實上，顧客真正想要的是「被傾聽」。優秀的銷售人員懂得用開放式問題引導顧客說出自己的需求，透過傾聽，業務員才能找到切入點，針對顧客最在意的問題提出對應的解決方案。

溝通價值，而非只談價格

顧客在意的不是「東西貴不貴」，而是「值不值得」。銷售人員需要告訴顧客，購買你的產品，能夠帶來哪些無法用金錢衡量的價值。例如：購買某品牌的防盜門，除了堅固耐用外，還能帶來家人的安全感，這才是客戶真正想要的價值。當顧客理解產品所帶來的「價值」遠超於「價格」時，購買行為便會更容易發生。

主動提供「省錢」的方案

很多業務員只會專注於「如何讓顧客花錢」，而忽略了「如何幫顧客省錢」的思維。事實上，能夠為顧客提供節省成本的方案，反而更容易贏得信任。例如：推銷電器時，若能告訴顧客該產品的省電特性、維修成本較低等優勢，顧客反而更樂於掏錢。

提供「不買的風險」

在銷售時，業務員可以善用「損失規避」心理來刺激顧客的購買欲望。顧客通常對於「可能的損失」更敏感。業務員可指出：「如果不買這款防火保險箱，一場火災可能會導致您多年累積的重要文件付之一炬。」這樣的話語，能夠有效引發顧客的「安全感需求」，進而促成購買。

以「同理心」贏得信任

銷售人員應試著站在顧客的立場思考，主動理解他們的困難。當業務員設身處地地關心顧客，並主動提供合適的建議時，顧客會感受到「這個業務員真的在為我著想」，進而建立起信任關係。

第二章　挑剔顧客的背後，是潛在的購買機會

實戰案例：將心比心，逆轉銷售局勢

有一次，一位業務員向一家零售店的店主推銷一款新型點餐系統。店主聽後立刻表示：「你們的系統價格太高了，比其他公司貴了 30%，我不覺得它值那個價。」許多業務員可能會急於降價或提供折扣，但這位業務員選擇換位思考，微笑著回答：

「我了解您的擔心，若我也遇到這樣的情況，可能會有相同的疑慮。其實，您更看重的是價格還是系統的穩定性和增值服務呢？我們的系統雖然價格略高，但它的運行穩定性經過多家大型餐飲品牌的驗證，並且具有 24 小時全天候客服支援，確保您的業務不會因為系統故障而中斷。此外，我們的系統還能提供更精確的資料分析，幫助您提升效率和降低人員成本，從長期來看，這些節省下來的時間和成本將大大超過價格上的差距。」

聽完這番話後，店主開始重新評估這款系統的價值，不僅看到更高的穩定性和後續服務，還理解了長期的經濟效益。最終，店主決定選擇這位業務員的產品。

這個案例表明，當顧客對價格提出挑戰時，業務員可以通過換位思考，從顧客的實際需求出發，強調產品的增值服務和長期效益，成功化解價格爭議，促成交易。

同理心是銷售的核心

銷售的本質，不僅是商品的交易，更是人與人之間的溝通與信任的建立。當業務員懂得從顧客的角度出發，以同理心去理解顧客的需求，並幫助他們找到「價值」所在時，銷售將不再是一場硬碰硬的對抗，而是一場溫暖而令人愉悅的互動。

逆向思維，讓銷售更具吸引力

在銷售中，常規的推銷方式往往讓顧客感到厭煩，而運用逆向思維則能讓業務員從眾多競爭者中脫穎而出，成功吸引顧客的注意力，進而促成交易。想要成功銷售，就需要學會用不同的思維角度來解決問題，突破常規，才能讓自己在銷售競爭中占據優勢。

逆向思維，改變與顧客的對話方式

許多業務員在見到顧客時，第一句話往往是：「您好，我來自某某公司，想向您推薦我們最新的產品……」這種開場方式已經被顧客聽了無數遍，導致顧客對此產生抗拒心理。試著換個方式，讓對話變得更加吸引人，例如：

常規開場白（容易被拒絕）：

「您好，我是某某公司的業務員，想向您介紹我們的產品……」

逆向思維開場白（提高好感度）：

「您好，我不是來推銷產品的，而是來幫您提升業績的！」

「先生，您最近有沒有發現店裡的商品品類需要更新？我這次來是幫您解決這個問題的！」

「我們最近發現一個能幫助企業節省 30% 成本的方法，想和您分享一下，不知道您有沒有興趣聽聽？」

這樣的開場方式，讓顧客從一開始就產生興趣，因為這不再是簡單的「推銷」，而是「解決問題」。

第二章　挑剔顧客的背後，是潛在的購買機會

逆向包裝，將缺點轉化為賣點

傳統思維習慣於掩蓋產品的缺點，避免顧客察覺，然而，逆向思維則是將「缺點」變成「賣點」，使顧客從另一個角度來看待產品。

案例：損壞的手機變身新款配件

某手機品牌在生產過程中，發現一批手機殼的外觀不符合預期，顏色略顯不均勻，原本應該報廢。但品牌的市場部經理突然靈機一動，提出了一個創意：將這些顏色不均的手機殼推向市場，並將其命名為「藝術系列」，強調每一個手機殼的顏色不均是手工製作的獨特風格，展現個性與藝術感。

這一轉變讓消費者覺得這些不完美的手機殼反而更具獨特性和創意，市場上掀起了一波熱潮。原本被視為損失的手機殼，因為這一創意轉型，反而成為一款受歡迎的限量版產品，吸引了大量的顧客，並成功提升了品牌形象。

這個案例表明，商家不必將「瑕疵」視為無法挽回的損失，反而可以將其變為產品的賣點，利用創意與市場定位將問題轉化為機會，從而創造出新的商業價值。

學會運用逆向思維，將產品的「缺點」轉化為「獨特性」，讓顧客對產品產生興趣。

逆向角色，從銷售員變成顧問

案例：從推銷員到顧問的轉變

有一次，一位業務員向一家公司推銷一款新型的項目管理軟體。初期，業務員採用了傳統的銷售方式，直接告訴顧客：「這款產品非常適合

您的公司，您一定要試試！」然而，顧客聽後感到有些警覺，覺得業務員只是在推銷，並沒有真正了解他們的需求。

業務員迅速調整策略，轉變角色，開始以顧問的身分與顧客交流。他問道：「我發現貴公司在專案管理方面可能會面臨一些挑戰，這款軟體正好能幫助您提高協作效率，解決那些問題。您覺得這方面的功能是否對您有幫助？」

這種以顧問身分提出的問題，讓顧客感覺到業務員是真心想要了解他們的需求並提供解決方案，而不是單純的銷售。經過一番討論，顧客對產品有了更多的了解和認同，並最終選擇購買了該軟體。

這個案例證明了，當業務員轉變角色，站在顧客的角度，專注於解決顧客的實際問題時，顧客會更容易信任並接受建議。真正的銷售不僅是推銷產品，而是幫助顧客找到最適合他們的解決方案。

逆向價格策略，不降價也能成交

案例：強調價值，避免降價陷阱

某家家電品牌的業務員在推銷一款高端吸塵器時，顧客看到價格後立刻表示：「這產品太貴了，能不能便宜點？」一般的業務員可能會為了成交，直接提供折扣，然而這樣不僅會導致獲利減少，顧客也會習慣性地壓低價格。

但這位業務員並未輕易讓步，而是選擇了逆向思維，回答道：「我理解您的顧慮，價格確實比一般產品稍高。不過，便宜的吸塵器通常使用壽命較短，且維修費用也較高。我們的這款吸塵器不僅品質佳，還提供 5 年的保固服務，且維護成本較低。從長期來看，這會幫助您節省大量的維修費用，還能避免頻繁更換設備。」

顧客聽後，開始認真考慮產品的長期效益，並理解到便宜的吸塵器並

不一定代表更划算，反而會因為低品質增加額外的成本。最終，顧客決定接受原價，並對這款吸塵器的價值和品牌產生了更高的認同。

這個案例說明了，優秀的業務員應該強調產品的「價值」，而非僅僅專注於價格。透過幫助顧客理解產品的長期利益，業務員能避免無休止的價格討價還價，並提高成交率。

逆向稱呼，拉近與顧客的距離

稱呼方式也會影響顧客的感受，傳統的稱呼方式雖然尊重，但可能會讓顧客覺得有距離感。例如：

傳統稱呼方式：

「張總」、「王經理」、「李先生」

→顯得正式，但缺乏親切感。

逆向稱呼方式：

「張哥」、「王姐」

→更加自然，拉近與顧客的關係，讓對話變得輕鬆。

當然，這種稱呼方式需要根據場合和顧客的性格來靈活應對，不可過於隨意，但適當的改變能夠提升成交機率。

換個思維，讓銷售變得更輕鬆

銷售不僅僅是產品的交易，更是一門心理學。當業務員懂得運用逆向思維，改變傳統的推銷方式，並學會站在顧客的角度思考時，就能夠突破銷售瓶頸，讓自己變得與眾不同。只要掌握這些技巧，你會發現，銷售其實並沒有那麼難！

神祕行銷：
用「限量」與「禁止」吊足顧客購買欲望

在行銷與銷售的世界裡，消費者的行為往往受到心理因素的強烈影響。許多時候，消費者並不是因為真正需要而購買產品，而是因為產品本身營造了一種「不可錯過」的感覺，讓他們覺得如果不買，自己就會損失某些價值。

其中，「神祕感」與「限量供應」的策略正是利用了人類的「叛逆心理」，讓顧客主動去追求那些「被限制」的商品。

神祕感：你不讓看，顧客反而更想看
案例：反向心理的行銷魔力

在某個城市，有一家酒館決定在繁華街角開設新店，他們在門口搭建了一間小房子，並且寫上大大的標語：「不許偷看。」這個標語立刻引起了路人的好奇，無論他們多麼急著走過，都忍不住停下腳步，想看看到底裡面隱藏了什麼。當他們湊近一看，發現小房子裡只有一瓶美酒，並聞到了誘人的香氣。許多人無法抗拒那股誘惑，立刻走進店裡，最終成為了酒館的顧客。

這個簡單卻極具創意的行銷手法利用了人類天生的「反向心理」——當被告知「不可以」的時候，好奇心反而會被激發出來。這不僅讓顧客感受到神祕感，還提高了他們的探索欲望，從而成功將顧客吸引進店消費。

這種「神祕感」的行銷手法廣泛應用於多個領域，以下是幾個經典的例子：

第二章　挑剔顧客的背後，是潛在的購買機會

神祕禮盒銷售模式

很多品牌會推出「神祕禮盒」，顧客事先無法知道裡面具體包含哪些商品，唯一知道的是，這個禮盒的價格比單獨購買的商品便宜。這種不確定性激發了顧客的好奇心，吸引大量顧客購買，儘管他們對內容一無所知。

內部專享活動

一些高端品牌會舉辦「內部專享」的活動，比如新品發布會僅限少數 VIP 客戶參加，而不對外開放。這樣的策略反而讓更多顧客產生焦慮感，因為他們會擔心自己錯過了這個機會，激發了他們對品牌產品的渴望，並進一步提高了品牌的吸引力。

禁止試穿策略

高端服飾品牌的一些限量款商品，不開放顧客試穿，這樣的「禁令」反而會讓商品顯得更具神祕感，吸引更多顧客的關注。顧客對於無法接觸和試穿的商品產生了更多的好奇心，也增加了購買的動機。

這些策略的共同點就是利用人類的反向心理與好奇心，激發顧客的探索欲望。這種營造神祕感的方式，能夠有效引起消費者的興趣，並且使他們願意為了滿足自己的好奇心而付出更多的努力與金錢。

限量供應：你不賣，他偏要買

當一個商品被標明「限量供應」，甚至「已經快要賣完」，顧客的購買欲望往往會大大提升。這是因為「稀缺效應」讓人們認為，越難獲得的東西，價值越高。

許多品牌巧妙運用了這一點：

奢侈品牌的「限量版」策略

像愛馬仕（Hermès）等高端品牌，某些包款必須加入 VIP 名單才能購買，甚至需要等待數月或數年，這種「限量」策略讓顧客更加渴望擁有。

「本店只賣 50 組，售完為止！」

許多電商在促銷時，會標明「限時限量」，例如：「每日限購 50 組」、「只剩最後 10 件」，這會讓顧客感到「不買就會錯過」。

餐廳的「隱藏版菜單」

某些餐廳有「隱藏版菜單」，只有熟客或透過特殊管道才知道這些特別菜色，結果讓更多人想來嘗試。

這些做法的共同點是：「製造購買壓力」，讓顧客產生「現在不買，以後可能買不到」的心理，從而加快購買決策。

反向行銷：用「禁止」來促成購買

在某些情況下，銷售人員可以透過「適當拒絕」來提高產品的吸引力。例如：

高端會員制度

例如某些健身房、俱樂部，不接受所有人入會，必須經過推薦或審核，這會讓人覺得加入後更有身分象徵。

「這款產品不適合您」

當業務員告訴顧客：「這款產品可能不適合您的需求」，顧客反而會更加想了解，甚至努力證明自己值得擁有。

「你確定不需要嗎？」

一些業務員在顧客猶豫時，會先撤回產品推薦：「或許這款產品對您來說並不是最適合的選擇……」這樣的做法反而能讓顧客重新思考自己的

決定，甚至主動詢問更多細節，最終促成交易。

這些方法都是利用人類的「反向心理」，當顧客覺得自己可能被排除時，反而更想證明自己的選擇是對的。

讓顧客主動追求，而不是被動接受

在現今競爭激烈的市場環境中，單純依靠降價、促銷已經無法長期維持銷售競爭力。相反，透過「神祕感」「限量供應」「禁止策略」等行銷手法，可以讓顧客主動關注，甚至產生購買焦慮，進而提高成交率。

當我們把產品變成「難以獲得的稀缺資源」，顧客就會不斷追求它，而不是等著被說服購買。這正是高級銷售技巧的精髓——讓顧客來找你，而不是你去找顧客！

提升銷售成功率的關鍵：讓顧客感覺特別和尊貴

在銷售過程中，成功的關鍵並不只是產品本身的品質，而是顧客的心理感受。如果你能讓顧客覺得自己與眾不同，受到特別對待，那麼成交的機率就會大幅提升。

營造「專屬感」，讓顧客覺得自己特別

人類天生有一種「特權心理」，如果顧客認為自己獲得了一種「專屬待遇」，那麼他就更願意掏錢購買商品。你可以透過以下方法來營造這種感覺：

限量專屬優惠：

例如：「這款產品目前只提供給我們的 VIP 客戶，市場上還沒有正式推出」，這樣的說法能讓顧客感覺自己比別人更尊貴，從而產生購買欲望。

個人化推薦：

例如：當顧客詢問某款手機時，不要只是介紹產品，而是說：「這款手機的拍照功能特別適合像您這樣熱愛旅行的人，尤其是它的夜拍效果，比起一般手機更加出色。」這樣能讓顧客覺得這款產品是為他量身打造的。

專屬顧客服務：

銷售人員可以根據顧客的消費習慣，提供個人化的購買建議，讓顧客覺得自己被特別關照。例如：一家高級服飾店的銷售人員會記住常客的尺寸和喜好，當有新款到貨時，第一時間通知顧客，甚至提前為顧客預留商品。

讓顧客覺得「物超所值」，而不是單純花錢

當顧客購買商品時，他們希望獲得的不只是物品本身，而是一種價值感和成就感。要讓顧客覺得這筆錢花得值得，可以運用以下策略：

強調價值，而非價格

不要只談價格，而是讓顧客知道產品能帶來什麼價值。例如：「這款皮包的皮革來自義大利頂級製革廠，每個都是手工縫製，能夠使用十年以上。」讓顧客覺得這不只是單純的消費，而是一種「長遠的投資」。

提升購買體驗

例如：提供額外的增值服務，如「免費保養一年」，或者「客製化刻字服務」，讓顧客覺得自己享受到了特別的待遇，而不是僅僅買了一個商品。

營造「非買不可」的感覺

可以強調產品的稀缺性，例如：「這款手錶在全球限量 100 支，目前只剩下最後 5 支」，這樣能夠讓顧客感受到緊迫感，進而促使購買決策。

用「情感連結」贏得顧客信任

顧客購買的不只是產品，還有與業務員之間的情感連結。如果顧客對你產生好感，並覺得你是真心為他考慮的，那麼他購買的意願就會大大提升。

建立「朋友」關係，而不只是「買賣」關係

例如：一名汽車銷售員不僅在顧客購買車輛時提供專業建議，還會在顧客用車後定期關心車況，提醒保養時間，甚至在節日時發送祝福訊息。這樣的銷售方式，讓顧客覺得自己不是單純的「消費者」，而是「被關心的朋友」。

尋找共同話題，拉近距離

與顧客建立情感連結的最佳方式，就是找到共同點。例如：如果顧客帶著孩子來買東西，你可以與他聊聊育兒經驗；如果顧客熱愛運動，你可以分享自己對某種運動的看法。這樣能讓顧客對你產生好感，從而更容易接受你的產品推薦。

學會傾聽，而不只是推銷

有時候，顧客在購買前會有很多顧慮，比如「這臺車的油耗會不會太高？」或「這個手機的續航力夠不夠？」銷售人員應該耐心傾聽，並且提供有價值的資訊，而不是急著強迫顧客做決定。

創造「高端消費體驗」，讓顧客覺得自己更尊貴

如果顧客覺得自己買的不只是產品，而是一種身分象徵，那麼他就更願意掏錢。例如：

「VIP 專屬」體驗

高端品牌經常為 VIP 客戶提供特別的購物體驗，例如：「尊貴客戶專屬試用會」、「預約制專屬購物體驗」，讓顧客覺得自己比一般消費者更特別。

私人訂製服務

一些珠寶品牌會提供「客製化刻字」或「專屬鑽石鑑定報告」，讓顧客感受到這件商品是為他量身打造的。

提供「頂級服務」

例如：某些五星級飯店會在顧客入住前，先了解他的偏好，提前準備好合適的枕頭和香氛，讓顧客感覺自己受到了獨一無二的款待。

讓顧客覺得自己很特別，他才願意買單

在銷售過程中，如果你能讓顧客感覺到：

- 自己是被特別對待的（專屬優惠、個人化推薦）
- 自己買的不只是商品，而是一種價值（物超所值的體驗）
- 與業務員之間建立了信任與情感連結（像朋友一樣關心他）
- 購買行為能提升自己的身分感（尊貴的購物體驗）

那麼，成交的機率將會大大提升。

讓顧客掏錢的關鍵，不是你賣了什麼，而是讓顧客覺得自己值得擁有它。

第二章　挑剔顧客的背後，是潛在的購買機會

營造「稀缺感」，激發顧客的購買欲望

在銷售心理學中，「物以稀為貴」是一種強而有力的策略。當顧客認為某樣商品即將售罄、數量有限或僅此一件時，他們的購買衝動往往會大幅增加。

限量供應，製造「買不到」的假象

當一件商品變得稀缺，人們的擁有欲望便會隨之提升。這種心理機制廣泛應用於各種行銷手法中，例如：

「限時限量」銷售

例如：許多品牌會推出「限量版」商品，告知顧客「全球僅100件」，或「此款手錶只生產一次，售完不再補貨」，讓顧客覺得錯過就再也買不到。

「最後幾件，錯過不再」

當顧客猶豫不決時，銷售人員可以說：「這款衣服現在只剩下最後兩件，這幾天已經賣出好幾件了，再不決定可能就沒有了。」這種策略能夠有效刺激顧客的緊迫感，促使他們快速下單。

「限時優惠」加強購買決策

例如：許多電商平臺會使用「**倒數計時優惠**」，例如「今天特價，僅剩3小時」，這樣會讓顧客覺得錯過優惠會是一種損失，而加快購買決策。

掌握「損失規避」心理，讓顧客害怕錯過

心理學研究表明，人們對於「損失」的痛苦遠大於「獲得」的快樂，這就是「損失規避效應」。當顧客認為自己可能會錯失一個絕佳的購物機會時，他們往往會迅速行動。例如：

使用「最後機會」話術

「這是我們今年最後一批進貨的商品，售完不補！」

「這款鞋是今年秋冬限定款，過了這季就不會再生產。」

強調稀缺資源的價值

例如：拍賣市場經常利用這一點來提高競爭者的出價。一件商品如果一直供應充足，買家可能會慢慢觀望；但如果拍賣官宣布「這是最後一件」，競標者就會變得更積極，甚至願意支付更高的價格來確保自己獲得它。

運用「反向推銷」技巧

某些奢侈品牌的門市人員甚至會故意對顧客說：「這款包包目前沒有現貨，只有 VIP 客戶才有優先購買權。」這種話術讓顧客感到「被排除在外」，從而更渴望獲得該商品，甚至願意支付更高的價格。

運用「稀缺性」來塑造品牌價值

高端品牌往往透過「限量供應」來提升品牌價值和市場需求。例如：

Hermès（愛馬仕）：「配貨制」製造稀缺感

愛馬仕的經典款包包（如 Birkin、Kelly）並非任何人都能直接購買，而是需要累積一定消費額度後才有資格訂購，這種「配貨制」讓消費者願意花更多錢購買其他商品來獲取購買權。

這種模式讓顧客覺得擁有愛馬仕不只是購物，而是一種「榮譽」，進一步增強品牌的價值感。

Rolex（勞力士）：「炒作稀缺」提升市場價值

勞力士經常限制特定款式的生產數量，讓市場供不應求。例如：熱門款式「綠水鬼」經常處於缺貨狀態，甚至需要排隊等待多年才能購買，這進一步提升了它的「收藏價值」。

用「限量策略」提升成交率的實戰技巧

如果你是業務員或銷售人員，以下這些話術可以幫助你在推銷時更有效地運用「物以稀為貴」策略：

「這款真的賣得很好，今天只剩下最後兩件，很多客戶都在詢問……」

（讓顧客產生緊迫感，擔心錯失機會。）

「這款是特別為 VIP 客戶預留的，不過我可以幫您爭取一個名額……」

（讓顧客覺得自己受到特殊待遇，提高購買意願。）

「我們現在這個優惠只限今天，明天恢復原價哦！」

（製造「時間壓力」，讓顧客快速做決定。）

「這是一款進口限定版，全臺灣只有 50 件，賣完就沒有了！」

（增加商品的珍貴感，讓顧客產生收藏衝動。）

結合故事行銷，讓顧客更投入

有時候，僅僅告訴顧客「這東西很少見」還不夠，最好的方法是讓顧客進入故事情境，感受到「擁有這個商品」對自己的價值。例如：

結合電影或名人效應

「這條圍巾是法國手工編織品牌，他們曾經為《艾蜜莉的異想世界》設計劇中服裝，穿上它彷彿也置身於法國街頭。」

「這款手錶是007電影中的同款，詹姆士・龐德佩戴的正是這個型號。」

打造「只有你才擁有」的獨特感

「這個手作皮包，每個款式全球只有5個，都是手工製作，沒有一個是一模一樣的。」

「這款鞋是國外設計師聯名款，臺灣只進了20雙，您穿上它，幾乎不會撞鞋！」

當顧客開始想像自己「與眾不同」的場景時，他們會更願意掏錢購買。

讓顧客產生「再不買就後悔」的心理

「製造買不到的假象」，並不是欺騙，而是一種聰明的銷售策略。當顧客認為：

- 這是獨特的機會 ——「錯過了就買不到！」
- 這是高價值商品 ——「物以稀為貴，值得收藏！」
- 這是專屬於他的機會 ——「只有少數人能擁有！」

那麼，他們就更容易做出購買決策。成功的銷售，並不只是產品的優勢，而是能否讓顧客「產生購買衝動」。

讓客戶覺得自己占了便宜，成交更容易

價格在銷售中是一個極為敏感的因素。對於消費者而言，合理的價格與產品的價值是否匹配，是決定購買與否的重要考量。銷售人員應該學會運用有效的價格策略，使客戶覺得購買該產品不僅物超所值，甚至是一種「占便宜」的選擇。

先讓客戶認同價值，再談價格

價格應該在客戶對產品價值有所認可後才進入談話範疇。根據行銷學原則，當消費者對產品的價值產生共鳴時，他們對價格的敏感度會降低。業務員不應一開始就談價格，而是要先強調產品的品質、功能、耐用性、以及附加價值。

例如：當客戶詢問價格時，應避免直接回答具體數字，而是可以這樣回應：「這款手機不僅擁有最新的 AI 拍攝技術，還具備全臺唯一的五年免費保固。此外，它的電池續航力比市場上同類產品高出 30%。這些特點能夠讓您的使用體驗更長久、更順暢。」這樣可以讓客戶先關注產品的價值，而非僅僅專注於價格。

強調「長期價值」，降低短期價格影響

研究顯示，消費者往往更願意支付較高的價格，若該產品能夠在長期內為其帶來價值。業務員應引導客戶理解產品的長期效益，而不是單純比較價格高低。例如：在銷售節能家電時，可以說：「這款冷氣機的價格雖

然比一般品牌稍高，但它的節能效果可以讓您每年節省約 3,600 元電費，五年內就能省下 18,000 元，相當於幫您回本了一半的費用。」

這種方式讓客戶覺得購買該產品不只是當下的消費，而是一種長期的投資，從而提升購買意願。

利用心理定價策略，讓客戶感覺占便宜

心理學研究指出，消費者對於價格的接受度與其感知的價值密切相關。若能讓客戶覺得自己獲得了超值優惠，則能夠有效提升購買動機。

(1) 製造限時優惠感

比起直接提供折扣，強調優惠的「限時性」可以讓客戶更有緊迫感。例如：「這臺電視原價 50,000 元，但今天剛好有 VIP 專屬折扣，只需 45,000 元，還額外贈送一組藍牙音響。」這樣的表述讓客戶覺得現在購買比未來更划算，進而促成交易。

(2) 參考價格對比

當客戶詢問價格時，不應直接報價，而應將該產品與更昂貴的選擇進行對比。例如：「市場上同等級的按摩椅通常要價 95,000 元以上，但這款產品不僅功能更全面，價格還比同類產品便宜了 15,000 元。」這樣的比較讓客戶認為自己獲得了更具競爭力的價格。

讓客戶自行推理，增強價格接受度

業務員應善用問句，引導客戶自行推理出購買的合理性，而非單向說服。例如：若客戶對價格有所猶豫，業務員可以這樣問：「您覺得一臺洗衣機應該使用幾年呢？」當客戶回答「至少 10 年」後，業務員可以接著

說：「那如果這臺洗衣機一天只花您 10 元，但可以用超過 10 年，這樣的投資是否划算？」這種方式能夠幫助客戶自行得出「價格合理」的結論，從而提高成交機率。

當客戶認為「太貴」，如何應對？

當客戶表示價格過高時，業務員不應立即降價，而應透過價值強化策略來維護價格的合理性。例如：若客戶說：「這款手機太貴了。」業務員可以這樣回應：「這款手機的拍照畫質已經達到專業級單眼相機的水準，您等於用手機的價格獲得了一臺高階相機。」這樣的回應可以讓客戶理解產品的附加價值，而非只關注價格本身。

成功銷售的關鍵心理學

讓客戶感覺「買到賺到」的五大成交策略

成功的銷售不僅是提供產品，而是讓客戶產生「購買這項產品讓我賺到了」的心理感受。研究表明，當消費者認為自己獲得了超值優惠時，他們的購買意願會顯著提升。因此，業務員應該：

- 強調產品價值，而非價格本身
- 運用長期價值比較，降低客戶對價格的抗拒
- 製造限時優惠與價格對比，提高購買動機
- 透過問句引導客戶得出「這樣買才划算」的結論
- 當客戶猶豫時，轉換為「長期投資」的概念來強化購買決策

透過這些策略，客戶不僅會覺得自己做出了聰明的選擇，還會更加願意掏錢購買你的產品，最終提升成交率。

「吸引」比「追尋」更重要

在銷售領域，業務員最關鍵的成功指標之一，就是能否讓客戶主動需要自己，而不僅僅是被動地尋找客戶。當業務員能夠讓客戶對其產生依賴，並認為其服務或產品不可或缺時，便能建立長期穩固的客戶關係，並在市場上獲得競爭優勢。

讓客戶主動需要你，而非你去尋找客戶

建立客戶的信任與依賴

客戶是否需要業務員，首先取決於信任感。如果客戶認為某個業務員的專業能力足夠強，能夠提供有價值的建議與服務，那麼他就不會輕易轉向其他業務員，而會選擇長期合作。此外，當客戶感受到業務員提供的不只是商品，而是實際的解決方案時，便會更加依賴該業務員。

例如：若業務員從事保險業務，不僅要賣保單，更要從客戶的家庭經濟狀況、未來規劃等角度給予合理建議，這樣客戶才會覺得該業務員提供的服務是不可或缺的。

讓客戶主動為你介紹新客戶

當業務員成功建立了客戶的依賴感時，客戶自然會願意主動推薦其給身邊的朋友或同事。這樣的介紹來源比業務員自己尋找新客戶更有效，因為這些新客戶來自於熟人推薦，對業務員的信任度更高，成交機率也更大。

如何成為客戶「離不開」的業務員？

展現專業，讓客戶相信你

專業能力是贏得客戶信任的基礎。一名優秀的業務員不僅要熟悉自己的產品，還要了解市場趨勢，甚至比客戶更懂得他們的需求。

例如：在銷售高端家電時，業務員不應該只是背誦產品規格，而應該根據客戶的生活習慣，推薦最適合他們的產品。如果客戶是經常出差的人，業務員就可以推薦具備遠端操控功能的智慧家電，讓客戶感受到個性化服務的價值。

注意細節，讓客戶覺得被尊重

許多業務員的失敗並非來自於產品本身，而是來自於忽視客戶的細節需求。如果客戶曾經提出過某些意見，但業務員卻未曾記住，下次客戶再購買時發現業務員沒有改進，那麼這位客戶很可能會轉向其他競爭對手。

例如：一位客戶購買了一臺咖啡機，並反映說希望能有更簡單的清潔方式。若業務員在下一次聯繫客戶時，主動推薦一款帶有自動清潔功能的新款機型，客戶就會感受到業務員的細心與用心，進而對其產生更深的信賴。

付出更多，建立長期關係

客戶並非僅僅是在購買商品的當下才需要業務員，而是在整個使用過程中都可能會有需求。因此，業務員要懂得主動提供售後服務，即使沒有立即的銷售機會，也要持續與客戶保持聯絡。

例如：若業務員銷售健身器材，在客戶購買後的幾個月內，可以主動提供健身計畫、保養建議或新產品試用機會，讓客戶感受到業務員的持續關心，而不只是一次性交易。

讓客戶在需要幫助時，第一個想到你

當客戶遇到問題時，他會選擇聯絡誰？這完全取決於業務員過去的服務態度與專業程度。

如果客戶需要某種解決方案，而業務員能夠即時提供清楚、可靠的建議，那麼這名業務員就會成為客戶心目中的「專家」。例如：一位業務員如果能夠在客戶需要法律諮詢時，幫助介紹一位專業律師，那麼客戶下次在需要購買相關產品時，自然會優先考慮與該業務員合作。

站在客戶立場思考，提供真正的價值

銷售不只是將產品推銷給客戶，而是要讓客戶感覺到你的產品對他真正有幫助。業務員應該站在客戶的角度，幫助客戶選擇最適合的產品，而不是只考慮如何達成銷售目標。

例如：如果客戶需要購買一張人體工學椅，業務員應該詢問客戶的工作習慣、使用環境、身體狀況，並提供符合需求的選擇，而不是單純推銷最昂貴的產品。當客戶感受到業務員的貼心與專業，他們就會對業務員產生依賴，甚至願意長期合作。

讓自己成為客戶「離不開」的人

要成為成功的業務員，不是單靠一次性的銷售，而是要讓客戶長期需要自己，甚至在面對問題時第一個想到你。這需要業務員從專業、細節、服務、關懷等多個方面入手，讓客戶感受到業務員的價值，進而提升信任感與忠誠度。

如果業務員能夠讓客戶產生「這位業務員真的能幫助我，我離不開他」的感受，那麼銷售將不再是困難的工作，而是一種自然發生的結果。

第二章　挑剔顧客的背後，是潛在的購買機會

第三章
業務員必修的銷售心理學

從產品推銷到情感交流

情感行銷打造顧客無法拒絕的理由感

現代心理學研究顯示，**情感因素是影響顧客決策的關鍵要素**，甚至比理性分析更具決定性。企業與消費者的關係，不僅僅是商品和貨幣的交換，更是一種基於情感與信任的連結。因此，成功的銷售不僅取決於產品本身的品質與價格，更在於業務員能否透過**情感行銷**來影響顧客的購買決策。

情感如何影響消費行為？

建立品牌情感連結

麥當勞的紅黃配色正是一種情感行銷的策略。這些顏色不僅能夠迅速吸引消費者的注意力，還能透過習慣性的視覺刺激，引發人們的熟悉感與情感聯想。這種潛移默化的行銷策略，使得消費者在無意識中被品牌吸引，進而產生購買行為。

情感與需求的緊密關聯

顧客的購買決策往往受到情感需求的影響。例如：一對外國夫婦在珠寶店看到一款昂貴的戒指時，原本猶豫不決，但當業務員告知他們：「某國總統夫人也喜歡這款戒指，但因價格太高而未購買」後，夫婦立即決定購買。這是因為業務員滿足了他們的自豪感與優越感，使他們願意支付高額費用來獲得心理滿足。

情感影響品牌忠誠度

根據調查，68%的顧客因為賣方態度冷淡而放棄購買。顧客不僅關心產品本身，更在意購物過程中的體驗與感受。如果業務員能夠提供溫暖且貼心的服務，顧客不僅會選擇購買，還會成為忠實客戶，甚至主動推薦親友購買。

如何運用情感行銷提升銷售？

避免過度熱情，尊重顧客的購物節奏

在購物過程中，顧客通常需要一段時間來觀察與比較產品。若業務員過度熱情，反而會讓顧客產生壓力與抗拒，甚至放棄購買。因此，業務員應該掌握適當的互動距離，在顧客需要幫助時適時提供協助，而不是強迫推銷。

透過語言技巧營造正面情感

顧客的購買行為受到心理暗示的影響，業務員應該善用正面語言來引導顧客的情感。例如：當一位女士試穿鞋子時，若業務員直接指出「您的腳大小不對稱」，會讓顧客感到尷尬與不滿。但如果改為「您的腳型非常精緻，這雙鞋能完美貼合」，則能讓顧客產生愉悅感，進而提升購買意願。

創造「專屬感」，讓顧客感到獨特

顧客希望自己是被重視的，因此業務員應該強調產品的限量性或個人化特色。例如：在推銷高級手工訂製服時，業務員可以說：「這款西裝是我們設計師根據您的身形特別挑選的，能夠展現您獨特的氣質。」這樣能夠讓顧客感受到與眾不同的價值，從而提高成交率。

第三章　業務員必修的銷售心理學

情感行銷的核心策略

「曉之以利」── 強調購買的價值

讓顧客意識到購買商品所帶來的長遠利益,例如「這款家電能讓您省電 30%」,以增加產品的吸引力。

「動之以情」── 觸動顧客的情感

透過故事行銷來引發顧客的共鳴。例如:業務員可以分享其他客戶的購買經驗,讓顧客感受到產品的價值與溫度。

「持之以恆」── 建立長期客戶關係

銷售並不應該只是一錘子買賣,而是長期維繫顧客關係的過程。業務員可以透過定期回訪、生日祝福、VIP 服務等方式,讓顧客感受到品牌的用心,從而提升品牌忠誠度。

用情感行銷提升銷售效能

情感是最有力的銷售武器,它能夠突破顧客的理性防線,讓顧客對產品產生情感依賴,進而促成購買行為。成功的業務員不僅要掌握產品知識,更應該學會運用心理學與情感行銷技巧,與顧客建立深厚的關係,讓銷售變得更加輕鬆且高效。

滿足客戶買得放心的心理需求

在現今市場環境下，**安全感**已成為客戶最重要的購買需求之一。成功的業務員必須懂得如何在銷售過程中建立客戶的**心理安全感、人身安全感與經濟安全感**，從而提升銷售業績並建立長久的客戶關係。

安全感對銷售的重要性

在銷售環節中，業務員往往面臨來自客戶的**不信任與戒心**，尤其是面對陌生客戶時，這種情況更加明顯。例如：上門推銷時，客戶往往會對業務員產生懷疑，擔心商品品質、售後保障，甚至擔憂業務員的真實意圖。這些疑慮可能導致客戶直接拒絕交易。因此，業務員的首要任務就是透過**建立安全感**來打破這種防備心理，使客戶願意信任並接受產品。

舉例來說，許多商場在銷售高價產品時，都會提供**試用機會、免費試吃、樣品展示**等方式，目的就是讓顧客親身體驗產品，從而降低對未知產品的疑慮，進一步提升購買意願。

案例分析：房地產銷售中的安全感建立

唐唐是一名房地產公司的業務員，在公司推出新建案時，她發現許多潛在客戶對此案缺乏興趣，原因就在於客戶對新建案缺乏信心，對於環境、居住品質等因素存有疑慮。為了解決這個問題，唐唐決定讓客戶親自體驗房屋的舒適度，並根據客戶的特質推薦適合的房型。

在接待一位**高學歷客戶**時，唐唐不僅帶他參觀樣品屋，還特意將客戶

帶到書房，讓他坐下來翻閱書籍，親自體會環境的寧靜與舒適。這樣的做法成功讓客戶感受到房子的價值，並產生強烈的歸屬感，最終順利完成交易。

這個案例表明，透過讓客戶**親身體驗**，能夠有效地消除客戶的心理不安，從而促成銷售。

從心理到經濟安全感

業務高手都懂的銷售核心策略

業務員可透過以下三個層面來提升客戶的安全感：

建立心理安全感

客戶在購買前，往往會提出大量問題來驗證產品的可靠性。業務員應積極回應，而非閃爍其詞，因為模糊的答案只會增加客戶的疑慮。例如：

- **專業知識的展現**：熟悉產品的特點、優勢與使用方法，並能清楚解釋其價值。
- **誠信態度**：避免誇大其詞，客戶最忌諱業務員的言過其實，應以真誠的態度提供合理的建議。
- **實際案例分享**：提供真實的顧客體驗，讓客戶了解產品的實際使用情境，從而增強信任感。

確保人身安全感

業務員應確保客戶在購買產品後，不會因產品品質或使用安全而產生風險。例如：

- 提供詳細的產品說明，讓客戶清楚了解使用方式及安全須知。

- **強調售後服務**，如保固、維修或退換貨政策，讓客戶在購買後仍感受到保障。
- **使用專業認證與檢驗報告**，特別是在食品、保健品或電子產品等領域，透過第三方認證提升產品的可信度。

創造經濟安全感

許多客戶在購買前會擔心產品是否物有所值，業務員應透過比較與規劃來消除這種不安：

- **比較價格與價值**：讓客戶看到產品的長期價值，而不僅僅是眼前的價格。例如：購買較昂貴但省電的電器，能夠在長期使用中節省大量電費，這樣的「隱性價值」是業務員應強調的重點。
- **提供靈活的付款方案**：對於高價商品，可提供分期付款、折扣優惠等方式，降低客戶的經濟壓力。
- **強調產品的保值性與耐用度**：例如：購買品質較好的家具能夠使用十年以上，相比於短期內需更換的低價產品，反而更划算。

廣告行銷中的安全感策略

廣告行銷常見的口號，如：「買得放心，用得安心」就是在強調產品的安全性與可靠性。例如：

- **知名品牌的保證**：消費者更傾向選擇大品牌，因為品牌的信譽能夠提供額外的安全感。
- **保固與退換貨政策**：例如「七天無條件退貨」讓消費者購買時更無後顧之憂。

第三章　業務員必修的銷售心理學

◆ **推薦與口碑行銷**：透過消費者評價或名人推薦來提升產品可信度，增加潛在客戶的安全感。

安全感是促成銷售的關鍵

在競爭激烈的市場環境下，業務員除了要具備專業知識外，更重要的是懂得如何讓客戶「買得放心」。透過建立心理安全感、人身安全感與經濟安全感，業務員能夠有效降低客戶的購買疑慮，提高成交率，並促進長期的客戶關係。

銷售不只是交易，更是信任的建立與安全感的傳遞。成功的業務員，能夠讓客戶在購買時充滿信心，進而主動推薦給親友，這才是真正的銷售高手！

讓顧客「放心買、愉快買」的祕密

先給顧客安全感,再用體驗行銷促成購買

在現今競爭激烈的市場環境中,安全感已成為客戶購買決策中的關鍵因素。除了產品的品質、價格及服務之外,客戶更在意的往往是購買是否安心。從心理學的角度來看,馬斯洛需求層次理論指出,安全需求是人類僅次於生理需求的基本需求。當市場充滿不確定性、商品資訊不透明,甚至有假冒偽劣商品時,客戶對安全感的需求就更加迫切。因此,銷售人員若能滿足客戶的安全需求,不僅能提高成交率,更能建立長期穩定的客戶關係。

給予客戶心理安全感

心理安全感指的是消費者對企業、品牌及業務員的信任。當客戶信任你的專業能力與誠信,他們才會放心購買你的產品。要提升客戶的心理安全感,銷售人員可以從以下幾個方面著手:

(1) 建立專業形象

業務員需要具備充分的產品知識,並能清楚解釋其價值與功能。客戶對業務員的專業度感到滿意時,會更願意傾聽推銷內容。例如:在汽車銷售中,業務員不僅要了解車款的性能,更應該熟悉安全測試結果、油耗表現及維修保養建議,讓客戶對產品有全方位的認識,進而建立信任。

(2) 創造良好的第一印象

心理學研究顯示，人們對第一印象的記憶可持續影響未來的評價。因此，銷售人員的穿著整潔、言談有禮、態度誠懇，能夠讓客戶產生信任感。例如：與企業高層接洽時，西裝革履會增加專業度；而面對一般消費者時，乾淨整齊的服裝則能傳遞可靠與友善的訊號。

(3) 使用社會認同原則

客戶往往會透過他人的購買行為來驗證產品的可靠性。業務員可以分享成功案例、顧客推薦與使用見證，例如：「這款保險產品已經幫助上千名家庭規劃未來，讓他們有更穩定的生活保障。」這類訊息能有效降低客戶的不安感，增強購買信心。

給予客戶經濟安全感

價格是消費者購買決策中不可忽視的因素，消費者希望確保自己獲得最大價值，而非花冤枉錢。要滿足客戶的經濟安全感，業務員應從以下幾個方面努力：

(1) 強調「價值」而非「價格」

當客戶對價格感到猶豫時，業務員應強調產品的長期價值，例如：

- ◆ 「這款冷氣雖然價格較高，但節能省電，每年可省下至少 3,000 元的電費，三年內就能回本。」
- ◆ 「這套保健品採用專利技術，效果比市面上的產品持久，讓您不用頻繁購買替代品。」

透過價格與價值的對比，讓客戶感受到長遠的投資報酬，而非只關注短期成本。

(2) 提供靈活付款方式

許多消費者對於一次性大額支出會產生不安，因此業務員可以提供：

- **分期付款選項**，如「零利率分期 12 個月」。
- **買一送一、加價購優惠**，讓消費者感覺「更划算」。
- **會員制度與現金回饋**，提升客戶的忠誠度，同時減少購買決策壓力。

(3) 建立透明的價格機制

消費者害怕的是「被坑」，因此業務員應避免不透明的定價策略。提供清楚的價格比較、優惠說明及市場行情分析，讓客戶感受到價格的公平性。例如：當客戶詢問：「這款手機比某品牌貴 2,000 元，為什麼？」業務員應該強調產品的獨特功能與優勢，而不是直接給予折扣。

給予客戶人身安全感

除了經濟上的安全感，人身安全。也是客戶關心的重要議題，尤其是在購買食品、藥品、汽車、房屋等高風險產品時，客戶對安全的要求更為嚴格。業務員應如何滿足客戶的人身安全感呢？

(1) 主動揭露產品風險

許多業務員擔心客戶知道產品的風險後會打消購買念頭，因此選擇「避而不談」。事實上，這種做法反而會降低客戶的信任度。相反地，業務員應該主動提供風險資訊，例如：

- 「這款保險計畫適合長期投資,如果您希望短期內獲利,可能需要考慮其他選項。」
- 「這款藥品雖然效果顯著,但孕婦與兒童需諮詢醫師後使用。」

這樣的說明不僅能展現專業與誠信,還能增加客戶的安全感,進而提升購買意願。

(2) 強調產品的安全認證與測試

許多企業會透過國際標準認證(如 ISO、FDA、UL 等)來增加產品的信譽度。業務員應該適時提供這些證據,例如:

- 「這款兒童座椅通過歐盟 ECE R44/04 安全標準,確保您的孩子在行車時獲得最好的保護。」
- 「我們的食品經過 SGS 認證,不含人工添加劑,讓您吃得安心。」

(3) 提供良好的售後服務

購買後的服務也是提升安全感的重要環節,例如:

- **免費試用期或滿意保證**:例如「30 天內可全額退款,讓您無壓力體驗產品。」
- **快速維修與客服支援**:例如「家電提供 5 年免費維修,任何問題 24 小時內回覆。」

當客戶知道即使購買後出現問題,仍能獲得妥善的處理,他們對品牌的信任感將大幅提升。

安全感是銷售的核心

在銷售過程中，滿足客戶的安全感需求是促成交易的關鍵。業務員除了介紹產品本身的優勢外，更應該站在客戶的立場思考，提供心理安全感、經濟安全感與人身安全感，讓客戶感受到「購買不只是交易，更是信任的建立」。當客戶對業務員產生信任，他們不僅會願意購買，還可能介紹更多朋友，形成穩固的客戶關係，讓業務員的銷售成績持續成長。

第三章　業務員必修的銷售心理學

「賣」體驗勝過賣商品

引導顧客自動購買的關鍵技巧

在現今競爭激烈的市場環境下，體驗行銷（Experiential Marketing）已成為品牌提升消費者參與感、促成購買決策的重要策略。企業透過讓顧客觀摩、聆聽、試用、體驗等方式，使其親身感受到產品或服務的價值，進而提高品牌忠誠度，促使購買行為發生。這種行銷模式不僅能縮短客戶決策時間，也能減少客戶的不安感，讓購物過程更自然愉悅。

體驗行銷的重要性

產品差異化日趨縮小，體驗成為關鍵競爭力

隨著市場發展，企業之間的產品差異日趨縮小，消費者已不再單純依賴產品功能來做決策，而是更關注整體消費體驗。根據施密特（Schmitt, 1999）提出的「策略體驗模組」（Strategic Experiential Modules），體驗行銷可分為五種類型：

- **知覺體驗**（Sense）：透過視覺、聽覺、嗅覺、味覺、觸覺提升產品吸引力，如餐廳播放悅耳音樂、星巴克店內散發咖啡香氣。
- **思維體驗**（Think）：激發顧客的創造力或邏輯思維，如樂高（LEGO）提供創意積木遊戲。
- **行為體驗**（Act）：鼓勵顧客實際參與，如試駕汽車或試用運動器材。
- **情感體驗**（Feel）：透過情感聯繫影響消費決策，如母親節品牌活動喚起親情共鳴。

- **相關體驗（Relate）**：讓顧客感受到品牌與自身價值觀一致，如耐吉（Nike）的「Just Do It」鼓勵運動精神。

這些體驗元素能讓消費者從理性判斷轉向情感認同，提升品牌價值與購買意願。

體驗行銷的成功案例

星巴克（Starbucks）

星巴克不僅銷售咖啡，更致力於提供「第三空間」的體驗──讓顧客在辦公室與家之外擁有一個舒適的社交與休憩場所。這種體驗式經營策略涵蓋：

- **視覺體驗**：溫暖的燈光、木質裝潢、開放式座位設計，營造溫馨氛圍。
- **嗅覺體驗**：讓店內充滿新鮮咖啡的香氣，加強品牌印象。
- **行為體驗**：提供免費 Wi-Fi、客製化咖啡訂製，提升顧客參與感。

這些元素讓星巴克超越一般咖啡館，成為全球消費者的品牌首選。

特斯拉（Tesla）試駕體驗

特斯拉的行銷策略之一就是透過「免費試駕」，讓潛在顧客親身體驗電動車的駕駛感受。與傳統汽車銷售模式不同，特斯拉強調：

- **高科技駕駛體驗**：自動駕駛功能、加速性能、低噪音設計。
- **環保理念**：強調零排放、可持續能源，符合消費者價值觀。
- **個人化服務**：提供一對一的試駕顧問，解答顧客疑問。

這種模式降低了顧客對新技術的疑慮，提高購買意願，使特斯拉在競爭激烈的汽車市場中脫穎而出。

體驗行銷的應用策略

先試後買，降低購買風險

當顧客猶豫不決時，銷售人員可採取「賣不賣沒關係，先試試看適不適合」的方式。例如：

- 美妝品牌提供免費試用包，讓消費者體驗產品效果。
- 健身房提供 7 天免費試用卡，讓顧客體驗課程與設備。
- SaaS 軟體（如 Adobe、Spotify）提供 30 天免費試用，提高用戶轉化率。

這種策略能讓顧客放心試用，減少購買壓力，提高成交機率。

強調產品帶來的「感受」

比起強調產品規格，業務員應該讓客戶想像使用產品後的感受。例如：

- 賣枕頭時，不說「這是 100％記憶棉」，而是說「這款枕頭能讓您睡得更香甜，起床時不再肩頸痠痛。」
- 賣運動鞋時，不說「這款鞋的氣墊技術」，而是說「這款鞋能讓您跑步時減少膝蓋負擔，讓運動更輕鬆。」

透過這種情境化的描述，顧客更容易與產品建立情感連結，促成購買。

讓顧客主導消費過程

許多消費者希望在購買過程中有掌控權,而非被動接受推銷。因此,業務員應該:

◆ **提供多種選擇**(如顏色、款式、支付方式),讓顧客自行決定。
◆ **讓顧客參與體驗**(如讓顧客親手試做 DIY 產品)。
◆ **減少銷售壓力**,以「協助選擇」的角度取代「強迫購買」。

這樣能讓顧客感到輕鬆,進一步提升購買意願。

體驗行銷的力量

體驗行銷已成為現代行銷的核心策略,透過讓消費者親自試用、參與與感受,提升品牌影響力與購買轉換率。成功的體驗行銷應該:

◆ 創造多感官體驗(視覺、聽覺、嗅覺、觸覺)。
◆ 降低購買風險(提供試用與體驗)。
◆ 強調產品帶來的價值與感受(讓顧客想像使用後的好處)。
◆ 讓顧客主導消費過程(提供選擇,減少壓力)。

未來的市場競爭不僅僅是產品與價格之爭,更是體驗與情感的較量。企業與業務員若能善用體驗行銷,將能有效提升銷售業績,建立長期穩固的客戶關係。

限量、限時、獨家！

掌握稀缺性心理，顧客購買欲望立即翻倍

在行銷與消費心理學中，「機會越少，越難得」的心理效應對顧客的決策有著極大的影響。人們通常對於那些稀缺、限量或短暫提供的產品與服務產生更強烈的購買欲望，因為他們害怕錯過這個難得的機會。這種心理現象被稱為「短缺原理」，它能夠左右人們的行為，甚至改變原本猶豫不決的態度。

短缺效應如何影響顧客心理？

人類的決策機制往往受到稀缺性的驅動，當我們意識到某種商品供應有限、存貨不多或時間緊迫時，就會產生「如果不立即購買，可能就買不到了」的恐懼感，進而推動我們快速做出決定。這種心理機制的運作方式如下：

珍惜難得的機會

當顧客得知某件商品數量稀少時，他們會更加珍惜這個機會，甚至覺得這個產品比原本想像中更有價值。例如：

「這款手機是限量版，全臺灣只有100臺，賣完就沒了。」

「這家餐廳的隱藏版料理每天只提供10份，想吃的人必須提早預約。」

緊迫感加速決策

人們在面對選擇時,若沒有時間壓力,通常會傾向拖延或比較更多選項。但當決策時間受限時,顧客會本能地縮短考慮時間,迅速做出決定。例如:

「這場演唱會的預售票僅限今天販售,錯過就只能買更貴的黃牛票。」

「年終大促,倒數 3 小時,錯過等明年!」

避免「錯失痛苦」

心理學研究指出,人們對於「失去」的痛苦遠大於「獲得」的快樂。因此,當顧客意識到機會稍縱即逝時,他們會傾向於立即行動,以避免錯過可能的好處。例如:

「我們的會員資格只剩 5 個名額,錯過這次就沒有了!」

「這個房型是最後一間,現在不訂就可能被別人搶走。」

短缺行銷的應用策略

成功的銷售人員會巧妙運用「短缺原理」,讓顧客感受到「不趕快買就會後悔」的壓力,進而促成交易。以下是幾種常見的行銷手法:

數量有限策略

透過強調產品供應有限,讓消費者產生「稀缺性效應」,從而激發購買行為。例如:

- 電商平臺常見標語:「只剩 3 件!」、「庫存緊張,請盡快下單!」
- 飯店預訂頁面:「這間房型剩最後一間!現在訂還可享 10% 折扣。」

限時優惠策略

限定時間的促銷能夠讓顧客產生購買壓力，加快決策速度。例如：

- 「週末限定，全館 7 折，僅限 48 小時！」
- 「購買倒數計時，剩餘時間：00:30:15！」

獨家限定策略

顧客對於「獨家販售」或「會員專屬」的商品會更感興趣，因為這種產品不容易取得，能夠增加品牌價值。例如：

- 「此款香水為品牌專門為 VIP 訂製，一般通路買不到。」
- 「我們的特製咖啡豆是來自某個神祕小農，限量 100 包，賣完不再補貨。」

促銷活動時間倒數

倒數計時可以讓顧客感受到時間壓力，促使快速決策。例如：

- 購物網站上的限時折扣計時器：「這項優惠將於 3 小時 15 分鐘後結束！」
- 電視購物的「限時搶購」：「只有 10 分鐘！現在下單立減 50%！」

案例分析

電影院的限量放映策略

某家電影院為了提升票房收入，採用了以下策略：

- 強調影片的獨家性：「全球首映，僅限本週六、日兩天放映！」
- 製造稀缺感：「座位有限，僅剩 50 席，先搶先贏！」

- **搭配限時優惠**：「今晚 12 點前購票，可享買一送一！」

結果，觀眾因害怕錯過機會而踴躍購票，使該電影場次提前售罄。

星巴克的「期間限定」新品

星巴克定期推出「季節限定」或「節日限定」的飲品，例如：

- **萬聖節限定**：南瓜香料拿鐵（Pumpkin Spice Latte）
- **聖誕節限定**：薑餅拿鐵（Gingerbread Latte）

這些產品的限時販售不僅能刺激顧客購買，也能營造「只有特定時節才買得到」的氛圍，讓忠實顧客每年都期待新品上市。

如何避免「短缺行銷」的錯誤？

儘管「機不可失」的銷售手法能夠有效吸引顧客，但若操作不當，也可能引發負面效應。以下是幾點注意事項：

避免過度誇大或造假

若產品實際上並未限量，但銷售人員卻反覆強調「最後 10 件」，消費者發現後可能會對品牌失去信任。

確保供應鏈與銷售一致

若宣稱「限量 100 份」，卻持續供貨，可能會讓顧客覺得被欺騙，影響品牌形象。

合理設定優惠時間

若「限時折扣」一再延長，消費者可能不再信任優惠的時效性，導致行銷策略失去效果。

善用「機不可失」策略，創造有效銷售

「機會稍縱即逝」的心理效應能夠強烈影響消費者行為，讓他們更快做出購買決策。成功的行銷人員應該善用數量有限、時間有限、獨家限定等策略，來提升產品吸引力，並透過營造緊迫感與稀缺性來促成交易。然而，在應用這些策略時，也必須保持誠信，避免過度誇大，確保長期建立品牌信任。

當顧客意識到「這是最後一次機會」時，他們更可能克服猶豫，選擇立即行動，而不是錯失良機。透過適當運用這種心理原則，企業與業務員能夠有效提升銷售業績，並與顧客建立更緊密的關係。

折扣不等於忠誠度！

當顧客成為「上帝」後，為什麼反而更難留住他？

在現代行銷理念中，許多企業都奉行「顧客至上」的原則，甚至將「顧客就是上帝」視為企業經營的圭臬。然而，這樣的觀念是否真的能夠提升企業競爭力，並帶來長期的客戶忠誠度？從心理學與消費行為的角度來看，單純地將顧客視為上帝，並不一定能夠實現企業的長遠利益，甚至可能適得其反。

「顧客至上」的迷思

許多企業一味地討好顧客，提供各種優惠、折扣，甚至過度讓步，試圖以此來提升顧客滿意度。然而，這樣的做法往往會帶來以下幾個問題：

優惠變成習慣，降低品牌價值

當優惠成為常態，顧客會將折扣視為理所當然，而非額外的福利。這樣的情況可能導致消費者變得更加挑剔，甚至只在有折扣時才會購買，降低品牌的長期價值。例如：某些服飾品牌因頻繁打折，使消費者不願意在原價時購買，最終影響企業的獲利能力。

顧客的滿足感是無止境的

心理學研究表明，人類的滿足閾值（Satisfaction Threshold）是會不斷提升的。一旦顧客習慣了企業提供的優惠或優待，他們的期待值會逐步提高，並且開始尋找更多的利益。當企業無法再滿足他們的期待時，這些

「忠誠顧客」很可能轉向其他品牌。

顧客忠誠來自於「依賴性」，而非單純的優惠

企業不應該只關注如何讓顧客「喜歡」自己，而是應該思考如何讓顧客「離不開」自己。真正能夠培養顧客忠誠度的，並不是頻繁的優惠，而是企業所能提供的「不可替代性」——也就是產品或服務帶來的獨特價值。

如何真正創造顧客價值？

既然「顧客至上」的策略未必總是奏效，那麼企業應該如何設計更具可持續性的行銷策略呢？以下是幾個關鍵要點：

提供「非買不可」的理由

單純的折扣與優惠無法真正提升顧客的忠誠度，企業應該關注如何讓顧客產生「非買不可」的心理需求。這可以透過：

- **創造專屬價值**：提供競爭對手無法輕易複製的產品或服務，如客製化體驗、獨家會員權益、專屬服務等。
- **品牌故事與情感連結**：透過品牌故事與顧客建立更深層次的情感連繫，讓顧客認同品牌理念，而非僅僅關注價格。

幫助顧客「省錢」比「送小便宜」更有價值

與其提供隨機的小優惠，不如幫助顧客節省開支。例如：

- **積分制度**：讓顧客透過累積消費獲得實質性的回饋，形成「沉沒成本效應」，增加回購意願。

- **長期折扣策略**：如年度訂閱制、會員專屬價格，讓顧客感受到長期購買的經濟效益。

降低顧客的購物風險

顧客購買時，除了價格考量，還有風險評估的因素。如果企業能夠降低顧客的購物風險，將大幅提升購買意願，例如：

- **提供試用服務**：如電子產品的試用期、服飾品牌的無條件退貨機制，降低顧客的決策壓力。
- **強調品質保證**：提供長期保固、完善的售後服務，讓顧客無後顧之憂。

讓顧客參與品牌經營

當顧客對品牌有歸屬感時，他們更有可能成為長期支持者。例如：

- **推薦獎勵機制**：讓顧客透過推薦新顧客獲得回饋，形成社交影響力，擴大品牌影響。
- **顧客共創**：如星巴克的「My Starbucks Idea」讓消費者提出產品與服務創新建議，使顧客感受到自身的價值。

案例分析

星巴克的「會員積分系統」

星巴克並不依賴價格戰來吸引消費者，而是透過「**星禮程會員制度**」提供積分回饋與獨家優惠。例如：

- 消費者累積一定積分後，可免費兌換飲品或甜點，**增加回購動機**。

- 星巴克的「金星會員」可享有專屬新品試喝、特殊折扣等，提升顧客的忠誠度。

這樣的策略不僅讓顧客有動機回購，還使品牌價值不會因頻繁折扣而貶低。

Costco 的會員制經營

Costco 並沒有提供隨意的折扣，反而透過「會員制度」來吸引忠誠顧客：

- **會員費模式**：消費者需支付年費才能購物，形成「心理投資效應」，提高回購率。
- **超值批發價格**：強調「幫助顧客省錢」，而非單純打折，增加顧客對品牌的信任感。

透過這樣的策略，Costco 在全球擁有龐大的忠誠顧客群，且長期保持穩定的業績成長。

建立品牌「依賴性」，而非單純討好顧客

行銷的目的不是一味迎合顧客，而是創造價值，建立長期的顧客依賴性。企業不應該只是單方面提供優惠，而應該：

- 提供「非買不可」的理由，如獨特價值、品牌故事等。
- 幫助顧客省錢，而不是單純贈送小禮品。
- 降低購物風險，讓顧客感到安心。
- 讓顧客參與品牌經營，增加品牌歸屬感。

折扣不等於忠誠度！

　　最終，真正能夠培養顧客忠誠度的，是品牌的獨特價值，而非單純的折扣與優惠。當顧客意識到自己只是「上帝」，但得不到實質利益時，他們會轉向其他更具價值的選擇。因此，與其將顧客視為「上帝」，不如將他們視為「長期夥伴」，透過有效的行銷策略，創造一種不可替代的購物體驗，讓顧客心甘情願地成為品牌的忠實支持者。

成交從需求開始

> 銷售關鍵不是產品，
> 而是喚醒顧客內心的需求與渴望

在銷售過程中，客戶的需求就是業務員最重要的突破點。如果業務員無法讓客戶對產品產生需求，最終成交的機率就會大大降低，而競爭對手則可能輕易地奪走這筆生意。因此，如何透過有效的引導，激起客戶對產品的興趣和渴望，成為每位銷售人員必須掌握的核心技巧。

了解客戶需求：銷售成功的起點

一般來說，顧客會主動購買產品，通常是因為對該產品有一定的需求，但這種需求可能尚未明確，或尚未達到行動的程度。因此，業務員的工作不只是介紹產品，而是讓客戶意識到自己真正的需求，進而產生購買動機。

如何挖掘客戶需求？

觀察與分析：從客戶的行為、談話內容中發現需求，例如關注他們詢問的問題、瀏覽的產品或表現出的興趣點。

主動詢問：透過開放性問題來探索客戶的真正需求，例如：

- 「您目前在選擇這類產品時，最關心的是什麼？」
- 「您現在使用的產品，有沒有遇到什麼困擾？」

利用案例啟發需求：許多客戶可能不知道自己需要什麼，透過分享其他客戶的成功案例，可以幫助他們對應自己的需求。

創造情境，引導想像：讓客戶想像自己使用產品後的體驗，從而強化他們對產品的渴望。

案例分析：成功的客戶引導技巧

從傾聽切入，引發客戶興趣

加拿大戶外裝備品牌的資深銷售經理艾瑞克，帶領剛入職的新進業務人員拜訪一位潛在客戶時，讓新進業務員主導整個洽談過程。但因為新進人員的推銷方式較為直接，未能成功引起客戶興趣，談了一個小時仍然沒有進展。這時，艾瑞克接過話題，微笑著說：

「最近我在報導上看到，有許多戶外旅遊的網紅和部落客，似乎都是使用貴公司生產的帳篷與裝備，不知道這是真的嗎？」

客戶一聽便流露出感興趣的表情，隨即熱情地介紹起自家公司帳篷產品的高品質與設計特色，話題也因此順利打開。約莫二十分鐘之後，話題自然轉到了艾瑞克自家生產的戶外設備上。最後，客戶欣然接受產品的推薦，不到半小時便順利簽訂了合作契約。

銷售的精髓：激發顧客的表達與認同感

這個案例凸顯了成功的銷售對話技巧，並非一味地強調產品本身，而是透過傾聽、提問與巧妙引導，讓顧客產生強烈的表達欲望與認同感，從而使銷售過程變得更自然且具說服力。

關鍵點：

- 艾瑞克沒有直接推銷自己的產品，而是先讓客戶談論自己熟悉且感興趣的話題。
- 透過詢問有關客戶產品的市場動向，建立親切感與信任感，進而開啟深入對話。
- 當客戶的興趣被激發後，推銷產品的阻力自然大幅降低。

有效引導客戶需求的四大策略

事前調查，掌握客戶基本資訊

在拜訪客戶之前，務必先收集客戶的相關資訊，包括：

- **產業背景**：了解客戶所處行業的市場趨勢與痛點。
- **個人偏好**：透過社交媒體、公開資訊等，了解客戶的興趣與嗜好。
- **過往消費習慣**：如果是舊客戶，可分析他們過去的購買歷史，預測未來可能的需求。

例：如果你要推銷辦公家具，而客戶是科技業新創公司，你可以這樣開場：

「我注意到許多新創公司都在打造更符合年輕人需求的辦公空間，像是開放式辦公室、共享工作區等。貴公司有沒有考慮過這方面的優化方案？」

這樣的開場方式能夠迅速與客戶建立共鳴，並讓客戶開始思考自己的需求。

尋找客戶感興趣的話題

(1) 從顧客興趣點出發，打開有效對話

在與潛在顧客的交談中，若一開始便直接推銷產品，容易引起顧客的反感或防備心理。因此，較好的做法是從顧客感興趣的話題切入，以建立彼此間的連結與信任。例如可使用以下三種方式：

(2) 產業趨勢

透過顧客所屬產業的趨勢展開討論，如：「最近市場上○○產業的發展趨勢變化很快，也受到很多人的關注，不知道貴公司在這方面有什麼應對的策略呢？」

(3) 市場競爭

探討顧客所在產業的市場現況，以激發對方的討論意願：「目前市場上這類產品的競爭情況相當激烈，不知道貴公司在市場定位或競爭策略上有什麼特別的規劃？」

(4) 客戶需求

從實際的客戶需求切入，以更貼近顧客的實際情境：「我們最近遇到不少客戶提到在○○方面經常碰到一些挑戰，不知道貴公司是否也有類似的經驗或需求呢？」

引導對話，讓銷售自然發生

透過以上這種從顧客的角度出發的對話方式，不僅能有效消除顧客的戒心，更能自然且順暢地引導話題到自己的產品，進一步提高成交機會。

強調產品優勢，創造價值感

如果客戶的需求尚未完全明確，可以透過產品的獨特價值來激發他們的渴望。關鍵是：

- **不只是談功能，而是談「利益」**：讓客戶明白產品如何提升他們的工作效率、生活品質或經濟效益。
- **創造產品的獨特性**：強調你的產品與競爭對手的不同之處，例如更耐用、客製化或售後服務更完善。

錯誤示範：

「這款手機有 5,000 萬畫素的相機，性能強大！」

正確示範：

「這款手機的 5,000 萬畫素相機，能讓您即使在夜晚拍攝，畫質依然清晰，讓您的生活點滴都能完美呈現。」

透過這樣的轉換，客戶不再只是看產品規格，而是聯想到產品能為自己帶來的實際好處。

巧妙運用心理暗示，促進成交

在銷售過程中，除了理性說服，還可以透過心理暗示來加速成交：

稀缺效應：「這款產品現在是熱銷款，可能很快就會賣完。」

社會認同：「我們的許多大客戶，如〇〇公司，也選擇了這款產品。」

損失厭惡：「如果現在不把握優惠價格，以後就可能要花更多錢才能買到。」

這些策略能夠提升客戶的購買意願，讓他們更快做出決策。

讓客戶「想買」，而非「被推銷」

最成功的銷售，不是強迫客戶購買，而是透過有效的引導，讓客戶自願產生需求，主動購買你的產品。要達到這一點，業務員需要：

◆ 深入了解客戶背景，掌握他們的需求與痛點。
◆ 透過對話建立信任感，找到客戶真正感興趣的話題。
◆ 強調產品的價值，而非只是功能，讓客戶清楚購買後的實際好處。
◆ 利用心理暗示促進決策，提升購買的緊迫感與價值感。

只要掌握這些技巧，就能在銷售過程中更輕鬆地激發客戶的需求與渴望，讓成交變得水到渠成！

用真誠打動顧客，
拒絕將成為成交的起點

透過真誠溝通與引導，讓顧客主動願意購買

在銷售過程中，成功的關鍵不是如何「推銷」商品，而是如何讓顧客「願意購買」。業務員不應該只是強行推銷，而是應該用真誠來贏得顧客的信任，當顧客認可你的態度與產品後，買賣自然會順利成交。

顧客的拒絕，可能是購買的開始

喬・吉拉德曾說：「銷售始於拒絕。」這句話揭示了一個銷售的重要心理現象——顧客的初步拒絕，往往不代表他真的不需要你的產品，而是他仍然存在疑慮。這些疑慮可能包括：

- 對產品品質的不信任
- 對價格的疑慮
- 對業務員的戒心
- 對購買的必要性尚未明確

業務員應該做的，不是害怕拒絕，而是透過溝通，找出顧客拒絕的真正原因，並幫助他解決問題。

案例：從拒絕到成交的轉變

找出顧客拒絕的原因

小王是一名鋼筆推銷員，他常遇到的問題是顧客的第一句話就是：「我不需要。」他曾經因此感到困擾，直到朋友點醒他：

「顧客拒絕你，並不代表他真的不需要你的商品，你應該問他為什麼拒絕。」

於是，小王改變策略，在再次推銷時，他沒有直接離開，而是微笑著問：

「請問您為什麼不需要呢？據我所知，您的孩子正在讀國中，應該會需要一支好用的鋼筆吧？」

這時，顧客回答：「他有鋼筆了。」

小王並沒有放棄，而是接著說：

「是的，但不知道他現在用的鋼筆是否好用呢？孩子每天都要寫字，一支好鋼筆能讓他寫得更流暢。」

這時，顧客回應：「其實他之前也說過鋼筆不好用……」

當顧客開始表達需求時，小王順勢遞上鋼筆，說：「那不如您親自試試看，看看這支鋼筆是否順手？」

顧客試寫後，發現鋼筆的確更好用，於是當場購買。

關鍵點：

◆ 尋找顧客拒絕的真正原因，而不是輕易放棄。
◆ 用問題引導顧客思考需求，而不是直接推銷。
◆ 提供試用，讓顧客親自體驗產品，增強信任感。

第三章　業務員必修的銷售心理學

如何透過真誠溝通促成銷售

了解顧客的顧慮，耐心解答

顧客的拒絕往往源自內心的擔憂，例如：

- 價格是否合理？
- 產品是否真的好用？
- 買了之後是否會後悔？
- 售後服務是否可靠？

業務員應該做的不是急著銷售，而是耐心聆聽顧客的疑問，並提供詳細解釋。例如：

- 「我們的產品有半年保固，若在此期間內有任何問題，我們可以無條件退換。」
- 「這款產品目前有多位顧客反映使用良好，我也可以讓您先試用看看。」

這種方式能夠降低顧客的風險感，提升他們的購買信心。

讓顧客「親自體驗」，降低心理防備

當顧客對產品抱有疑慮時，最好的方式不是解釋，而是讓他親身體驗。

案例：試用行銷

小倫是一名太陽能熱水器的業務員，他在推銷時，遇到了一位對產品持懷疑態度的顧客——楊先生。楊先生態度冷淡，並且一直沒有表示任何購買意願。

小倫敏銳地察覺到：

◆ 顧客擔心產品性能是否可靠
◆ 顧客害怕購買後沒有保障

於是，小倫沒有直接推銷，而是說：

「楊先生，我知道您對產品的品質很重視，所以我們現在提供 10 天免費試用。您可以先試試看，覺得滿意再決定是否購買。」

這種策略降低了顧客的購買壓力，增加了他對產品的信任感。結果，楊先生試用後，發現產品的確符合他的需求，最終決定購買。

關鍵點：

◆ 提供試用方案，降低顧客購買風險
◆ 讓顧客親自感受產品的價值，而非單靠業務員的推銷

站在顧客立場，強調產品的價值

顧客在做購買決策時，最關心的是：「這對我有什麼好處？」

業務員應該將產品與顧客的實際需求連結，讓他感受到購買產品的價值。例如：

◆ 「這枝鋼筆特別適合長時間書寫，您的孩子寫作業時會更加流暢，字跡也會更漂亮。」
◆ 「這款熱水器比傳統電熱水器節能 30%，每年可以幫您省下不少電費。」

當顧客感受到產品能為自己帶來實際好處時，購買意願自然會提高。

用真誠打動顧客，買賣順其自然

成功的銷售不在於強迫推銷，而在於：

◆ 理解顧客的真正需求與疑慮。
◆ 耐心聆聽，並提供有價值的解決方案。
◆ 透過親身體驗，讓顧客放心購買。
◆ 用誠懇的態度贏得顧客信任，讓交易變得自然而然。

當業務員能夠真誠對待顧客，站在顧客的角度思考問題，讓他們感受到被尊重與關心時，銷售的成功率將大幅提高。而一旦贏得顧客的信任，他們不僅會成為你的忠實客戶，還可能會推薦你的產品給更多人，為你帶來更穩定的業務。

第四章
用真誠化解顧客情緒，
成功拿下難纏大客戶

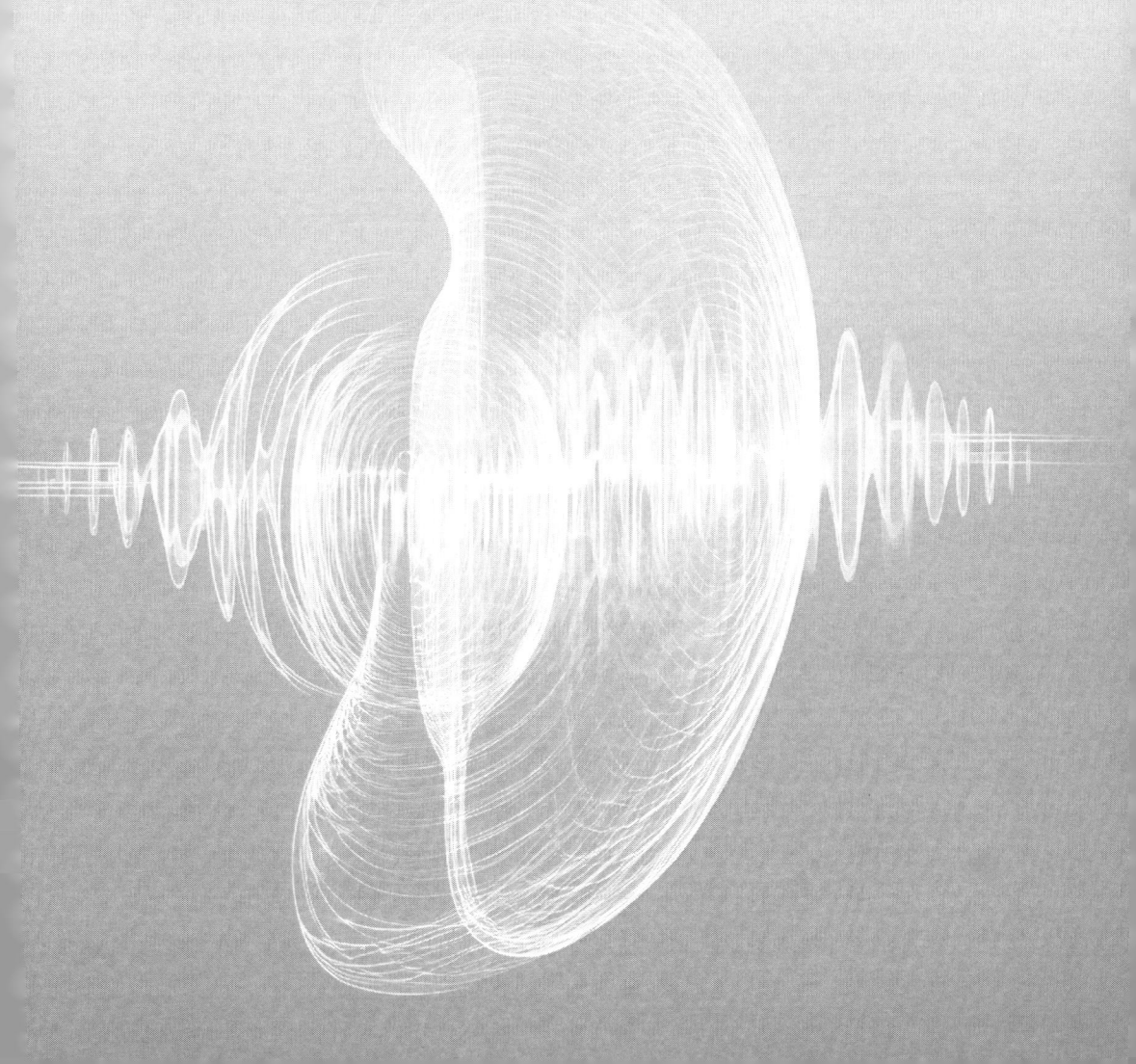

第四章　用真誠化解顧客情緒，成功拿下難纏大客戶

真誠溝通化解暴躁情緒，成功拿下高難度客戶

在銷售過程中，客戶的態度各式各樣，而脾氣暴躁的客戶往往是最讓業務員頭痛的一類。這些客戶通常缺乏耐心，情緒波動較大，可能因為一個小細節就對業務員發火，甚至威脅要取消交易。面對這類客戶，業務員若無法有效應對，可能會失去一筆大單。但如果能夠成功應對，這類客戶往往反而是最值得信賴的忠實顧客。

脾氣暴躁的客戶有哪些特點？

- **情緒表達直接**：一旦不滿意，馬上表現出來，不會隱忍。
- **缺乏耐心**：不願意花時間聽解釋，對細節要求高。
- **自尊心極強**：不喜歡被挑戰，容易因小事感到被冒犯。
- **對對錯觀點鮮明**：是非分明，不容許含糊不清的回應。
- **事後可能會後悔**：發火之後可能會覺得自己反應過度，但下次仍然會暴躁。

理解這些特點後，我們就可以針對這類客戶，運用合適的策略來應對，讓他們願意接受你的服務或產品。

案例：如何成功挽回一位「火爆」客戶？

阿強是一名銷售人員，他遇到了一位極度暴躁的客戶，因為一句話沒說對，對方大發雷霆，甚至在電話中說：

「我不在你們公司訂票了！把我的點數全部兌換成現金，直接匯到我的帳戶，從此我不想再跟你們有任何往來！」

這位客戶的語氣非常強硬，甚至不給阿強任何溝通的機會。但阿強並沒有因此放棄，而是選擇登門拜訪，親自道歉並誠懇地與客戶溝通，最終成功挽回了這位大客戶。

關鍵策略：

不要與客戶爭辯，讓他發洩情緒

阿強沒有急著解釋，而是先讓客戶把情緒發洩完畢，等對方稍微冷靜後才開始溝通。

親自登門，表達誠意

面對憤怒的客戶，書面道歉或電話解釋都不如當面溝通來得有誠意。

承認自己的錯誤，適當示弱

他對客戶說：「這次的確是我們疏忽了，我非常抱歉，我希望能夠彌補這個錯誤，讓您獲得更好的服務。」

提出解決方案，而不只是道歉

阿強不僅道歉，還提供了優惠和個人化的服務，讓客戶感受到他的用心。

結果？ 客戶最後不僅沒有取消訂單，反而因為阿強的真誠態度，對他產生了信任感，最終成為長期合作夥伴。

如何應對脾氣暴躁的客戶？

保持冷靜，讓客戶發洩情緒

千萬不要和客戶爭論！當客戶暴躁時，他並不是真的想攻擊你，而是

第四章　用真誠化解顧客情緒，成功拿下難纏大客戶

情緒在作祟。此時你越爭辯，他就會越生氣，反而會讓事情更難處理。

正確做法：

- 「我明白您的心情，換作是我，我也會有這樣的反應。」
- 「請您放心，我一定會給您一個滿意的處理方式。」

這樣的回應不僅不會激怒客戶，還能讓他覺得自己受到了理解，有助於降低他的憤怒程度。

不要直接反駁客戶，而是換個角度溝通

暴躁的客戶很難接受他人直接否定他們的觀點。與其說「您這樣想是不對的」，不如換個方式說：「您的想法很有道理，不過我們也有一些其他的考量，想請您聽聽看。」

錯誤應對方式：

- 「您這樣的要求我們公司無法做到。」
- 「您是不是誤會了？事情不是這樣的。」

正確應對方式：

- 「您的建議很有價值，我會向上級反映，看看能不能幫您做更好的安排。」
- 「您希望的解決方案我了解了，我們來討論一下怎麼調整，讓您獲得最好的結果。」

這種做法能夠減少對立情緒，讓客戶願意繼續聽你說話。

真誠對待，不卑不亢

暴躁的客戶其實最討厭兩種人：

- 一味討好、溜鬚拍馬的業務員
- 盛氣凌人、與他對抗的業務員

這類客戶雖然脾氣大，但其實他們尊重真正有原則、有誠意的人。所以最好的做法是保持自信，但同時誠懇。

應對方式：

- 「您的意見對我們來說非常重要，這次是我們的錯，我會負責處理好。」
- 「如果您願意給我們一次機會，我保證會讓您看到我們的誠意。」

這種不卑不亢的態度，能讓客戶尊重你，而不是看不起你。

如何預防未來的衝突？

與客戶建立更深的信任關係

主動關心客戶，不只是交易時才聯絡，平時也可以問候，讓客戶知道你是「站在他這邊的」。

提前了解客戶的需求和性格

每個客戶都有不同的地雷點，與其等他發火再處理，不如在合作初期就多觀察，避免踩雷。

避免讓客戶「情緒爆發」

若發現客戶有不滿情緒，不要等到他發火後才處理，應該提前關心並主動尋找解決方案。

第四章　用真誠化解顧客情緒，成功拿下難纏大客戶

> 結論：用真誠與耐心，贏得暴躁客戶的信任

- ◆ 讓客戶發洩情緒，不與他爭辯
- ◆ 用委婉方式溝通，而非直接反駁
- ◆ 不卑不亢，讓客戶感受到你的真誠
- ◆ 主動關心客戶，避免未來的衝突

　　當業務員能夠站在客戶的角度思考問題，以誠懇的態度來應對，即使最火爆的客戶也會被打動，最終成為你的忠實客戶。

面對好辯型客戶，用人格魅力贏得成交

掌握引導式溝通技巧，順利促成銷售

在銷售過程中，常會遇到某些客戶樂於辯論，無論銷售人員提出何種觀點，他們總會持相反立場進行爭論。他們不僅希望透過辯論展現自己的見解，更試圖在對話中保持主導地位。然而，這類客戶並非單純地反對銷售人員，而是希望透過辯論獲得認同感與滿足感。因此，如何有效應對這類客戶，並最終促成交易，便成為銷售人員需要掌握的重要技巧。

理智好辯型客戶的特性與心理需求

這類客戶通常具備強烈的求勝心態，即便知道自己可能錯誤，也仍然希望透過辯論來維持自身優越感。他們不僅對自己的觀點充滿自信，還希望銷售人員能參與他們的討論，以此確認自身的重要性。此外，他們更在意的是「被尊重」的感受，而不只是產品本身的優劣。因此，成功的銷售策略不在於與他們爭論對錯，而是透過溝通方式，使他們認同銷售人員的觀點。

避免直接對抗，轉向引導式對話

面對這類客戶時，最重要的是避免與其發生正面衝突。即便銷售人員能夠透過理據勝出辯論，客戶也未必因此買單，反而可能因為自尊受挫而選擇拒絕購買。因此，最佳應對方式是運用引導性對話，使客戶感受到自身觀點受到尊重，同時讓對方在潛移默化中接受產品的價值。例如：在客

戶提出質疑時，銷售人員可先認同其部分看法，再進一步提供額外資訊，使客戶產生興趣，而非直接否定對方的意見。

透過傾聽與耐心應對，建立信任基礎

這類客戶在意的不僅是產品的功能，更重視自身在對話中的地位。因此，銷售人員應保持耐心，讓客戶充分表達自己的想法，並以積極的態度回應。例如：可透過開放式問題引導客戶，如：「您的觀點很有意思，能否進一步分享您的見解？」這樣的問句能讓客戶感受到被尊重，從而降低對抗心理，提升溝通的順暢度。

以人格魅力影響客戶的購買決策

除了避免爭論與保持耐心外，銷售人員的自身特質也能在溝通中發揮關鍵作用。理智好辯型客戶通常對有魅力且具說服力的人較為信服。因此，銷售人員應展現專業素養與誠懇態度，以建立自身的可信度。例如：可透過實際案例或數據來佐證產品的價值，讓客戶感受到資訊的可靠性，而非純粹的推銷話術。

巧妙應對理智好辯型客戶，用耐心與魅力打動人心

應對理智好辯型客戶的關鍵，在於理解其心理需求，並透過適當的溝通技巧使其接受產品價值。銷售人員應避免與客戶發生正面衝突，改採引導式對話，透過傾聽與耐心建立信任，並運用自身的人格魅力影響對方決策。當客戶感受到尊重，且對產品產生認同感時，交易便能順利促成。

抓住「貪小便宜」心理，巧妙促成銷售交易

限時優惠與增值策略，避免陷入價格戰陷阱

在銷售過程中，部分客戶特別注重價格，甚至對優惠和贈品的期待遠超過產品本身的價值。這類「貪小便宜型客戶」的核心需求並非產品的功能，而是獲得「額外價值」。如果能夠適當運用策略，讓他們感受到「占了便宜」，便能有效促成交易。

理解貪小便宜型客戶的心理需求

貪小便宜的客戶通常有以下特點：

- **價格導向**：不論產品品質如何，他們首要關心的是價格，並希望獲得最大折扣或額外贈品。
- **優惠驅動**：相比產品性能，他們更容易因「限時優惠」、「買一送一」等促銷活動而下單。
- **談判積極**：這類客戶在購買過程中善於討價還價，希望透過談判獲得更大優惠。
- **占便宜成就感**：當他們獲得額外價值時，會感到心理上的滿足，甚至因此增加品牌忠誠度。

第四章 用真誠化解顧客情緒，成功拿下難纏大客戶

運用小便宜策略，提升成交機率

成功的銷售人員應該適時滿足這類客戶的需求，但同時也需避免讓他們得寸進尺。以下幾種策略能有效提升成交率：

直接強調優惠，吸引興趣

面對這類客戶，銷售人員在對話的初期可直接表明：「我們的產品不僅品質優良，還能幫您省錢，絕對讓您覺得划算！」透過這樣的開場白，可立即吸引他們的興趣，並降低他們對價格的警覺性。

創造「限時優惠」的感覺

讓客戶感覺到優惠是有時效性的，例如：「今天購買，我們可以額外提供一組配件，這是限量優惠，機會難得！」當客戶認為優惠即將結束，他們往往會加快決策，避免錯過良機。

巧妙設計「附加價值」，而非單純降價

單純降低價格容易讓產品價值被低估，因此，可改用「增值策略」，如：

◆ 買 A 產品，送 B 產品（例如購買咖啡機送咖啡豆）。
◆ 會員專屬優惠，提供未來折扣券或積分回饋。
◆ 產品升級，如提供免費安裝或額外配件，而非直接降價。

這樣不僅滿足客戶「占便宜」的心理，也能維持品牌形象與利潤空間。

設定界限，避免無止境的討價還價

對於過度要求折扣的客戶，銷售人員應適時設立底線，例如：「很抱歉，我們的優惠已經是極限，這是公司規定，無法再降價。」但話語中可帶有轉折，例如：「不過，我可以幫您申請額外的 VIP 會員資格，讓您未來購物享有更多折扣。」這樣能讓客戶覺得仍然有所收穫，而不會覺得完全被拒絕。

實際案例分析

某鞋店曾經運用「限時搶購」策略，將鞋款隨機擺放，顧客在限定時間內找到配對鞋款即可免費獲得。活動當天，顧客爭相搶購，不僅現場氣氛熱烈，也成功提升品牌曝光度。然而，這種策略雖然能夠短期內帶來業績提升，但若過度使用，可能會讓消費者產生錯誤期待，未來若無類似活動，銷售將可能受到影響。因此，企業應適當運用，並結合其他行銷方式來維持顧客忠誠度。

精準掌握貪小便宜型客戶心理，讓優惠成為成交助力

貪小便宜型客戶的購買決策受價格與優惠影響極大，因此，銷售人員應適當運用「限時優惠」、「附加價值」等策略來刺激他們的購買欲望。然而，在提供優惠時，也應適時設定界限，避免客戶過度討價還價，影響企業的利潤。透過合理的讓利與心理策略，能有效提升成交機率，並建立長期穩定的客戶關係。

第四章　用真誠化解顧客情緒，成功拿下難纏大客戶

破解猶豫不決型客戶，巧妙運用危機感促成成交

引導客戶主動做決策，加速成交速度

在銷售過程中，部分客戶明顯對產品感興趣，卻始終無法做出最終決定，導致商機遲遲無法轉化為成交。這類「猶豫不決型客戶」的主要特徵是缺乏主見，容易受到外界影響，且對決策充滿不確定性。針對這類客戶，銷售人員應運用適當的策略，強化其決策意識，並透過製造危機感，促使其快速做出選擇。

猶豫不決型客戶的心理分析

這類客戶通常具備以下心理特徵：

- **優柔寡斷**：面對選擇時，往往猶豫不決，反覆權衡。
- **缺乏主見**：容易受到他人影響，害怕做錯決定。
- **過度思考風險**：總是關注最壞的可能性，而忽略潛在的機會與價值。
- **需求明確但執行遲緩**：即便對產品或服務有需求，仍因種種顧慮而遲遲不行動。

應對策略：創造緊迫感與決策動力

為了促使這類客戶快速做出決定，銷售人員可以運用以下策略：

假定成交法：讓客戶進入決策狀態

當客戶明顯對產品感興趣但猶豫不決時，銷售人員可直接將對話導向成交階段，例如：

- **錯誤提問方式**：「您考慮清楚了嗎？要不要再想一想？」
- **正確提問方式**：「您覺得先訂購小批量測試市場效果，還是一次性拿足夠的庫存？」

透過二選一的方式，引導客戶聚焦於「如何購買」而非「是否購買」，進而縮短決策時間。

製造稀缺效應：強化機會的獨特性

猶豫不決的客戶往往害怕錯過良機，因此，銷售人員可透過以下方式加強其緊迫感：

- 「這款產品目前庫存不多，可能很快就會賣完。」
- 「目前有期間限定的折扣優惠，錯過這次可能要等到下次活動才有。」
- 「我們的服務資源有限，名額滿了就無法再提供相同的優惠方案。」

當客戶認知到機會的稀缺性，他們往往會加快決策，以免錯過可能的最佳時機。

欲擒故縱法：利用心理反應促成交易

若客戶在多次溝通後仍然猶豫，銷售人員可採取「欲擒故縱」策略，適時表現出離開的意圖，例如：

- 「我知道您還需要一些時間考慮，我們這次合作可能暫時無法成行。」

第四章 用真誠化解顧客情緒，成功拿下難纏大客戶

◆ 「看來目前還不是最適合的時機，那我就不打擾您了。」

當客戶感受到失去機會的壓力，往往會主動提出問題，甚至直接做出決定。然而，此方法應視情況使用，避免客戶真的放棄購買。

「拜師學藝」法：引導客戶參與決策

當銷售人員已經充分解釋產品價值，但客戶仍無法決定時，可以換個角度請教客戶：

◆ 「我可能還有需要改進的地方，能請教您對我們產品的看法嗎？」
◆ 「如果您是我們的決策者，您會如何選擇？」

這種方式可降低客戶的心理防線，並滿足其成就感。當客戶願意給予建議時，往往也會對產品產生更深的認同，進而提高成交機率。

建議成交法：透過直接邀約促成決策

在與客戶的對話中，可運用一些直接但不具壓迫感的建議句型，例如：

◆ 「既然一切條件都已經符合，現在就簽約吧！」
◆ 「如果付款方式是您考慮的問題，我們可以提供分期方案，這樣如何？」
◆ 「為了讓貴公司儘早受益，我們現在就安排後續的交付流程，您看如何？」

這類語句不僅強化客戶的購買決心，也能讓交易順利進行。

案例分析

劉先生是某外貿服裝廠的業務員,他發現許多客戶在商談過程中展現出強烈興趣,卻在最終決策時遲遲未行動。針對這類客戶,他開始改變溝通方式,採取「製造稀缺效應」與「假定成交法」,例如:

- 當客戶猶豫時,他會提醒:「這批布料是限量生產的,一旦賣完可能無法再補貨。」
- 在談判過程中,他不再問「您考慮清楚了嗎?」而是問:「您希望先下少量訂單測試市場,還是一次性備齊庫存?」

結果顯示,這些策略成功提高了客戶的決策速度,轉換率明顯提升。

消除客戶決策障礙,促成快速成交

猶豫不決型客戶主要受制於決策障礙與風險考量,因此,銷售人員應採取「假定成交法」、「製造稀缺效應」、「欲擒故縱法」等策略來強化客戶的決策信心。此外,透過建議成交與拜師學藝法,可降低客戶的防備心,提高互動黏著度,進而提升成交機率。掌握這些技巧,將有助於銷售人員有效轉化商機,實現業績突破。

第四章　用真誠化解顧客情緒，成功拿下難纏大客戶

抓住精打細算型客戶心理，用「價值感」取代價格競爭

強調長期效益、階段式推銷與成本分析

在銷售過程中，部分客戶習慣精打細算，對價格異常敏感，甚至在購買過程中展現出極強的討價還價傾向。他們並非沒有購買力，而是對金錢的使用極為謹慎，務求「物有所值」。面對這類「節約儉樸型客戶」，銷售人員需要巧妙運用心理學與行銷策略，強調產品的價值與長遠收益，讓客戶認知到「高報酬率」才是明智的選擇。

節約儉樸型客戶的特徵與心理分析

這類客戶通常具備以下特徵：

- **價格導向強烈**：購買決策的核心關鍵在於價格，對於昂貴產品容易產生抗拒心理。
- **討價還價習慣化**：不論產品價格是否合理，他們總會希望獲得更多優惠。
- **追求高 CP 值**：不僅關心價格，更希望產品具有長遠價值，避免花冤枉錢。
- **理性消費者**：對於不必要的花費非常警覺，拒絕衝動購買，經常進行市場調查與比價。

應對策略：提升產品價值感，消除購買疑慮

對於這類客戶，單純的價格競爭無法打動他們，銷售人員應透過以下策略，讓他們感受到產品的價值，進而促成交易。

讓客戶理解「高報酬率才是重點」

價格只是購買的一部分，產品的價值與使用壽命才是決定性因素。因此，銷售人員應著重強調：

- **長遠使用效益**：「這款產品雖然單價稍高，但使用壽命比一般產品長 3～5 年，長期下來反而更划算。」
- **成本效益比**：「低價產品雖然便宜，但後續維修成本高，最終花費可能比高品質產品還要多。」
- **隱藏成本與附加價值**：「我們的產品價格包含售後服務、維修保障，能省去額外支出。」

當客戶理解價格與價值的區別後，購買決策的壓力將大幅降低。

分析價格結構，降低客戶對「高價」的抗拒感

客戶在聽到價格時，可能會直覺認為「太貴了！」，此時應透過價格分解來緩解這種心理壓力：

- **拆解價格構成**：「這個價格不只是產品本身，還包含研發技術、品質管控與長期耐用性。」
- **換算每日成本**：「換算下來，每天不到 10 元，就能享受到高品質的服務，這其實比你每天買咖啡還便宜。」

這類說法能讓客戶將價格轉化為可接受的日常開銷,而非一次性負擔過重的投資。

透過「階段式推銷」降低價格敏感度

對於對價格高度敏感的客戶,可採取「分段銷售」策略,讓一次購買的金額顯得更為親民:

- 提供試用方案:「我們可以先讓您試用一個月,確定滿意後再考慮長期方案。」
- 拆分產品組合:「如果一次性購買全套產品負擔太大,我們可以分階段購買。」

這樣的策略能減少客戶的抗拒感,並且在試用後增加購買信心。

製造「價格優勢」的心理感受

即使客戶的重點在於價格,銷售人員仍可透過話術,讓他們感受到物超所值:

- 「**我們已經是市場最低價**」:「您可以去市場上比較,這個價格已經是最划算的。」
- 「**限時優惠策略**」:「這個價格是特別優惠活動,過了今天可能就要恢復原價。」

當客戶意識到價格優勢時,往往會加快購買決策。

提供「節約案例」,增加購買信心

舉例說明其他消費者如何透過此產品節省開銷:

- **「我們的客戶回饋」**：「很多客戶原本也是擔心價格問題，但使用後發現，實際省下的維護費遠超過初期購買成本。」
- **「競品比較法」**：「這款產品比某些便宜的產品壽命長三倍，等於幫您省了兩次更換費用。」

這類案例能讓客戶透過實際數據，感受到長期購買的經濟效益。

案例：小晨如何應對節儉客戶？

小晨是一名銷售人員，過去主要面對高消費族群，但近期轉到一家新公司後，發現部分客戶對價格異常敏感，總是在討價還價。他曾抱怨：「這位客戶每天打電話來討論價格，像是在菜市場買菜一樣！」

主管給他的建議是：「與其降低價格，不如強調產品的價值與長期節省的成本。」於是，小晨改變策略：

- 在與客戶溝通時，他不再一味讓步，而是強調：「這款產品使用壽命比市面上其他品牌長3年，換算下來，其實每年成本更低。」
- 當客戶試圖壓低價格，他則巧妙回應：「我們的價格已經是市場最低，您可以自行比較。」
- 他還提供一個案例：「上個月一位客戶購買了這款產品，結果發現維護成本大幅降低，比原本計畫的更省錢。」

結果，這位原本極度猶豫的客戶，最終決定購買，並且在使用後主動推薦給其他人。

第四章　用真誠化解顧客情緒，成功拿下難纏大客戶

打動節約型客戶，讓「花錢變投資」促成成交

　　節約儉樸型客戶的核心需求是「省錢」，但他們同時也希望獲得價值，因此，銷售人員應聚焦於「高報酬率」與「長期效益」，讓客戶感受到物超所值。此外，透過價格分解、試用方案、限時優惠等策略，能降低客戶對高價的抗拒感，提升購買意願。

　　最終，只要能讓客戶意識到自己「花的錢是投資，而非浪費」，他們將更容易接受購買決策，銷售人員也能順利促成交易。

贏得小心謹慎型客戶，打造穩固長期合作關係

專業數據與低風險試用方案，降低客戶決策壓力

在銷售過程中，小心謹慎型客戶雖然決策緩慢，但簽單率通常較高，且一旦建立信任，往往會成為長期合作夥伴。這類客戶的思維細膩，對產品細節、商家可信度與合約條款十分在意，因此，銷售人員必須展現專業態度，以理性溝通的方式來降低客戶的疑慮，逐步促成交易。

小心謹慎型客戶的特徵與心理分析

這類客戶通常具備以下特點：

- **極度理性，對細節要求高**：對數據、證據、合約條款等特別敏感，注重精準性與邏輯性。
- **懷疑心強，重視商家信譽**：不輕易相信銷售人員的話，需要經過詳細查證與比較後才會做決定。
- **購買決策時間長**：由於害怕吃虧或做錯決定，他們的購買過程往往比一般客戶更漫長。
- **對銷售話術較為抗拒**：不喜歡誇張的推銷手法，偏好實事求是的資訊與數據支持。

應對策略：耐心細緻，提高客戶信任感

面對小心謹慎型客戶，銷售人員應避免急於促成交易，而是透過細緻的溝通與實證來建立信賴感，使客戶在安心的狀態下做出決策。

以專業態度建立信任感

這類客戶對銷售人員的專業度與誠信度要求極高，因此，溝通時應展現專業素養，並提供具體數據與案例支持：

- **條理清晰，避免浮誇**：「這款產品的耐用年限為 10 年，相較於市面上的平均 6 年使用壽命，能有效降低更換成本。」
- **提供數據支持，提高說服力**：「我們的產品通過 ISO 9001 認證，並且在市場上的客戶回購率達到 87%。」
- **案例佐證，提高可信度**：「這款產品已被多家知名企業採用，例如 XX 公司，在使用後節省了 20% 的維護成本。」

透過數據與案例的支持，可讓客戶降低疑慮，增加購買信心。

避免急於成交，尊重客戶決策流程

小心謹慎型客戶通常需要較長的決策時間，因此，銷售人員應避免強硬推銷，反而應尊重其購買步驟：

- **耐心傾聽，給予充分討論空間**：「如果您對這個方案還有任何疑問，我們可以進一步討論細節，確保符合您的需求。」
- **不急於成交，建立長期關係**：「我們的客戶通常會先深入了解，再做決策，所以您可以慢慢評估，確保這是最適合您的方案。」
- **避免頻繁催促，防止反感**：「這款產品目前需求量較大，但我尊重您的考慮時間，若有任何進一步問題，隨時與我聯絡。」

這類客戶討厭被逼迫做決策,若銷售人員表現出過度積極,反而會讓客戶產生戒心。

依客戶類型,採取個別化應對策略

小心謹慎型客戶可細分為「盡責型」與「執著型」,應根據其個性特點,調整銷售策略。

(1) 盡責型客戶:強調細節與透明度

這類客戶重視細節,並喜歡與冷靜、條理分明的銷售人員合作:

- **著重細節**:「這款產品的生產流程符合歐盟標準,並採用環保材質,可有效降低維護成本。」
- **提供完整資訊**:「我們的售後服務包括免費維修兩年,並提供備品更換,確保產品使用穩定。」
- **展現嚴謹風格**:說話語速適中、表達條理分明、文件資料整齊,營造專業感。

這類客戶在確認細節後,通常會做出較為理性的決策,因此,銷售人員應展現高度細節掌控能力,提升說服力。

(2) 執著型客戶:強調誠信與可靠性

這類客戶除了重視細節外,更看重商家的誠信與長期合作關係:

- **避免浮誇,注重真誠溝通**:「這款產品雖然價格較高,但品質保證,能有效減少後續維護成本,長期下來更省錢。」
- **不做模稜兩可的承諾**:「我們提供的數據皆有市場調查報告支持,確保所有資訊真實可信。」

- **避免批評競爭對手**:「每款產品各有優勢,我們這款的特色在於更長的使用壽命與穩定的售後服務。」

這類客戶極度排斥過於商業化的銷售手法,若銷售人員能展現專業與誠信,將能建立長期合作關係。

適時提供「低風險試用方案」

由於小心謹慎型客戶害怕做錯決定,因此,可提供「試用方案」來降低其決策壓力:

- **試用機制**:「您可以先試用兩週,確保符合您的需求後再決定是否購買。」
- **漸進式購買**:「若您擔心一次性投入過大,可考慮先採購部分產品,後續再根據使用情況擴充。」
- **售後保障**:「我們提供 30 天無條件退貨保證,確保您的購買決策是安全的。」

這類策略能讓客戶安心試用,消除購買疑慮,最終提升成交機率。

案例:銷售人員如何成功說服小心謹慎型客戶?

小李是一名科技產品的銷售人員,他的客戶張經理是典型的小心謹慎型客戶,在每次洽談時,總是仔細詢問產品的技術細節與市場評價,且猶豫不決,遲遲不肯做決定。

小李改變策略:

- **提供完整數據支持**:「這款設備的市場回購率高達 92%,且已獲得 ISO 認證,確保品質穩定。」

- ◆ **降低決策壓力**:「我們可以先讓您試用一個月,確保符合需求後再做決策。」
- ◆ **尊重客戶節奏**:「我完全理解您的考量,這類設備通常需要深入評估,我會提供所有需要的資訊,讓您安心決策。」

最終,張經理在經過試用後,確認產品品質符合需求,最終成功簽約。

穩紮穩打攻克小心謹慎型客戶,建立長期合作關係

小心謹慎型客戶雖然決策緩慢,但一旦建立信任,通常會成為忠誠客戶。銷售人員應採取耐心、細緻且專業的溝通方式,避免急於促成交易,而是透過數據支持、低風險試用方案與誠信經營,逐步降低客戶疑慮,最終成功達成合作關係。

透過穩健的溝通策略與專業表現,不僅能提高這類客戶的成交率,更能建立長期穩固的合作基礎。

巧妙應對自命清高型客戶，用尊重與引導促成成交

運用讚美、幽默與高端定位策略，滿足客戶的優越感

在銷售過程中，部分客戶因財富、地位或個性因素，展現出強烈的自我意識，甚至流露出一種「唯我獨尊」的態度。他們往往自信滿滿，甚至過度相信自己的直覺，對銷售人員的建議不以為然，認為自己早已瞭解一切。對於這類自命清高的客戶，若銷售人員直接與其爭論或試圖強勢說服，往往會適得其反。因此，採取適當的讚美與幽默策略，建立彼此的共鳴，才是有效的溝通方式。

自命清高型客戶的心理特徵

這類客戶通常具備以下特點：

- **自信甚至自負**：相信自己的判斷力與經驗，不易接受外界建議。
- **快速決策但容易武斷**：不耐煩聽取詳細說明，容易因資訊不足而誤判。
- **強烈的優越感**：喜歡展現自身的專業與影響力，習慣以高姿態與人交談。
- **虛榮心強，討厭被挑戰**：不喜歡別人指正錯誤，容易將自己的決策失誤歸咎於他人。

應對策略：讚美、幽默與策略性引導

要成功應對這類客戶，銷售人員需要避免傳統的強勢推銷手法，而應該巧妙運用心理策略，以順勢溝通的方式讓客戶自願接受你的建議。

讚美客戶的智慧與品味，建立友好氛圍

自命清高型客戶對讚美有很高的接受度，特別是對自己的專業知識、判斷能力或品味的肯定。然而，讚美必須真誠且具體，避免流於奉承：

◆ **強調客戶的獨特眼光**：「我發現您對市場趨勢的分析非常精準，能夠快速抓住關鍵點，這點確實很少有人能做到。」

◆ **認同客戶的決策能力**：「像您這樣經驗豐富的人，一定知道如何選擇最具價值的產品。」

◆ **結合幽默，拉近距離**：「像您這樣的專家，恐怕我們這些銷售人員的工作都要失業了，因為您對市場的了解比我們還透澈！」

這類讚美不僅能讓客戶感到愉悅，也能為接下來的溝通鋪路。

避免直接挑戰，順勢引導客戶思考

與這類客戶談話時，千萬不能直接反駁或指出其錯誤，否則會激起強烈的防備心理。相反，可以採取順勢引導的方法：

◆ **轉換立場，誘導客戶思考**：「您的分析相當有道理，市場確實瞬息萬變，那您認為在這樣的趨勢下，哪種方案最具競爭力？」

◆ **透過提問引導客戶接受新資訊**：「您的觀點讓我想起一位業界前輩，他的看法與您類似，但他還補充了一個觀點，或許您會感興趣……」

◆ **讓客戶自己得出結論**：「根據您的經驗，您覺得這樣的產品應該如何發揮最大價值？」

第四章　用真誠化解顧客情緒，成功拿下難纏大客戶

這種方式能夠避免直接挑戰客戶的權威，讓客戶感覺自己是做決定的一方，而非被銷售人員說服。

提供完整資訊，但不急於詳細解釋

由於這類客戶自認見多識廣，通常對細節缺乏耐心，因此，與其從頭到尾講解產品資訊，不如提供精簡重點，讓客戶自己決定是否深入了解：

◆ **概述核心價值**：「這款產品最大的優勢在於提升效率與降低成本，許多頂級企業已經導入這個方案，效果顯著。」
◆ **引發興趣，誘導提問**：「這款方案在市場上的回饋非常好，但其中有個特別的技術優勢，不知道您是否已經注意到了？」
◆ **提供選擇權，強化客戶主導感**：「我們可以直接進入細節，或者您也可以先了解整體方案，然後再針對您感興趣的部分深入探討。」

透過這種方式，客戶會覺得自己是主導資訊吸收的過程，而非被銷售人員強行輸入資訊。

投其所好，營造高端感

這類客戶通常有獨特的興趣愛好，如品酒、藝術、音樂或高端生活方式。若能在對話中適時融入這些元素，將有助於建立良好關係：

◆ **利用興趣建立連結**：「聽說您對紅酒頗有研究，這讓我想到我們這款產品的設計理念，與法國某品牌的釀酒工藝有異曲同工之妙。」
◆ **營造尊貴體驗**：「這款產品的客戶群多為行業內的頂尖企業，如 ×× 公司與 ×× 品牌，與您的品牌定位相當契合。」

- **巧妙運用比喻，增加親和力**：「這款設備就像一臺客製的跑車，不僅性能卓越，還能根據您的需求進行細節調整。」

這類策略能讓客戶產生認同感，並增強產品的吸引力。

案例：銷售人員如何成功應對自命清高型客戶？

阿強是一名高端家具的銷售顧問，他的客戶林總是一位自命清高的企業家，對自己的審美與決策能力極為自信，且不喜歡別人干涉他的選擇。在過去的幾次洽談中，林總總是強調自己已經對市場瞭若指掌，甚至對阿強的建議不屑一顧。

阿強調整策略：

- **讚美林總的品味與專業**：「林總，您對設計的敏銳度真的令人佩服，像您這樣的人一定能一眼看出這款家具的價值所在。」
- **以提問引導客戶思考**：「像您這樣對品質要求極高的人，選擇家具時應該會特別注重材質與工藝，不知道這方面是否符合您的標準？」
- **創造尊貴體驗**：「這款家具的訂製工藝與歐洲皇室的御用品牌相同，全球僅生產 50 組，符合您對獨特性的要求。」

透過這些方式，林總最終對阿強的建議產生興趣，並且主動詢問更多細節，最終成功成交。

掌握自命清高型客戶心理，提升成交與忠誠度

面對自命清高型客戶，銷售人員應避免直接挑戰其權威，而應透過讚美、幽默、順勢引導與營造尊貴體驗的方式，讓客戶感受到尊重與價值，

第四章　用真誠化解顧客情緒，成功拿下難纏大客戶

從而提高成交機率。

　　這類客戶雖然態度強勢，但若能成功與之建立良好關係，往往會成為忠誠度極高的客戶，並帶來更多商機。因此，掌握適當的心理應對策略，不僅能提升銷售成功率，也能建立長期穩定的合作關係。

精準滿足愛慕虛榮型客戶，讓產品成為身分象徵

> 運用讚美、尊貴體驗與社會認同策略，
> 讓客戶感受到買的是地位的象徵

在銷售過程中，部分客戶特別注重自身的形象與社會地位，對外界的讚美與認可有極高的需求。他們渴望展現自己的優越感，並希望獲得他人的肯定與讚揚。對於這類愛慕虛榮型客戶，銷售人員若能適時運用恰到好處的奉承與讚美，往往能有效拉近距離，提高成交機率。

> 愛慕虛榮型客戶的心理特徵

這類客戶通常具備以下特點：

◆ **高度關注自身形象與社會評價**：他們希望在他人眼中保持優雅、成功的形象，並樂於接受外界對其正面評價。

◆ **喜歡被關注與讚美**：對於與自己相關的正面話題較為敏感，且容易對奉承產生愉悅的情緒反應。

◆ **優越感強，容易產生共鳴**：他們往往自認比一般人更具品味與實力，並期待被視為「與眾不同」。

◆ **決策基於社會認同與身分象徵**：這類客戶選購商品時，往往不僅考慮產品功能，更在意商品是否能彰顯自身的品味與社會地位。

第四章　用真誠化解顧客情緒，成功拿下難纏大客戶

應對策略：適時奉承與強調產品的高端價值

要成功吸引愛慕虛榮型客戶，銷售人員需掌握讚美、幽默與身分認同的技巧，使客戶在購買過程中獲得成就感與滿足感。

運用精準奉承，建立親和力

奉承話是影響這類客戶決策的關鍵，但必須建立在真實的基礎上，才能達到最佳效果：

- **強調客戶的卓越品味**：「像您這樣注重品質與細節的人，一定對這款高端產品的設計感到特別欣賞。」
- **突出客戶的獨特價值**：「這款產品的買家通常是企業高層與品味人士，與您的身分完全契合。」
- **創造專屬感受**：「這款限量版商品，市面上只有極少數人能擁有，剛好符合您的獨特品味。」

奉承話的關鍵在於適度、自然且富有說服力，避免過度浮誇或刻意阿諛，否則可能適得其反，使客戶產生不信任感。

讓客戶感受到商品能提升其社會地位

愛慕虛榮型客戶的購買決策多半與「社會認同」密切相關，他們更傾向於選擇能突顯自身身分的商品。因此，銷售人員應強調產品的象徵意義與獨特價值：

- **強調市場上的稀缺性**：「這款產品是頂級商務人士的首選，目前僅有少數成功人士擁有。」

- **營造尊貴體驗**：「這是國際知名設計師的經典之作，許多高端社交圈的名流都愛用。」
- **創造品牌背書效應**：「像××品牌的忠實用戶，通常都是行業內的佼佼者，您的選擇與這些頂尖人士如出一轍。」

透過這種方式，客戶會將購買產品視為提升自身形象的一部分，進而提高購買動機。

以幽默拉近距離，降低防備心

許多愛慕虛榮型客戶雖然享受奉承，但也擔心過於刻意的恭維話術。因此，銷售人員若能運用幽默與輕鬆的對話方式，將更能贏得客戶的好感。例如：

- 「像您這樣對品質要求極高的人，這款商品如果不夠優秀，恐怕很難入您的眼吧！」
- 「如果這款商品不適合您，我真的想不到這世上還有誰能駕馭它了！」
- 「這件衣服穿在您身上，看起來簡直比品牌代言人還要出色！」

這類幽默性的讚美不僅能拉近彼此距離，也能降低客戶的防備心，使其更加樂於與銷售人員互動。

案例：如何成功銷售高端珠寶給愛慕虛榮型客戶？

某日，銷售顧問小雅接待了一位穿著講究、氣質優雅的女客戶。這位女士對珠寶極有興趣，但卻遲遲未做決定，並且言談間透露出強烈的優越感。

第四章　用真誠化解顧客情緒，成功拿下難纏大客戶

小雅運用了以下策略：

- **精準奉承，強調專屬價值**：「這款設計是全球限量款，適合像您這樣極具品味的女士。我相信，只有最懂得欣賞藝術的人，才能駕馭這樣的作品。」
- **營造尊貴體驗**：「這款珠寶的設計靈感來自於 19 世紀歐洲皇室風格，每一顆鑽石都是精心挑選，與您的優雅氣質相得益彰。」
- **運用幽默拉近距離**：「這款珠寶如果不是為了襯托您這樣的貴婦，那它就真的沒有存在的必要了！」

透過這些技巧，小雅成功引導客戶將珠寶與自身形象聯繫起來，最終促成了高價成交。

如何運用高端行銷策略，成功打動愛慕虛榮型客戶？

愛慕虛榮型客戶的購買決策，往往受讚美、社會認同與尊貴體驗影響。銷售人員應以精準奉承、強調產品的象徵價值、運用幽默技巧的方式，讓客戶在購買過程中獲得心理滿足與成就感。

然而，奉承話術的運用需拿捏分寸與真實性，避免過度諂媚或虛假讚美，以免適得其反。此外，對於這類客戶，銷售人員需確保產品能真正匹配其身分與需求，使其購買決策得到合理化支持，從而順利完成交易。

適當運用奉承與情境營造，將有助於銷售人員成功掌握這類客戶的心理，促成更高價值的銷售成果。

第五章
心理學 ✕ 定價策略：
如何讓顧客心甘情願買單？

第五章　心理學 × 定價策略：如何讓顧客心甘情願買單？

會定價的人，生意越做越旺：心理定價策略的運用

在現代商業環境中，產品的定價策略對銷售成果具有決定性影響。當我們走在街上，經常可以看到「10元店」、「百元店」等促銷模式，甚至在服裝店內看到168元、199元等標價，這些都是基於消費者心理學所設計的定價方式。商家透過這些策略迎合顧客的購買心理，如求實惠、求廉價、求吉利，進而促成交易。

美國內華達大學商業研究中心曾對商品價格進行調查研究，結果顯示，影響價格的最顯著因素並非產品成本或流通費用，而是市場供需關係與消費者的心理購買預期。由此可見，掌握消費者的心理需求，並運用適當的定價策略，將有助於最大化激發購買意願，提升銷售業績。

常見的六大心理定價策略

吸脂定價策略（Skimming Pricing Strategy）

吸脂定價，又稱高定價策略，意指企業在產品剛上市時，設定較高的價格，以利用消費者的求新、求奇心理，在市場競爭尚未形成時快速回收成本。例如：圓珠筆於1945年剛發明時，成本僅0.5美元，但商家利用消費者的求新心態，以20美元的高價銷售，成功獲取高額利潤。此策略適用於高科技產品、創新商品或限量商品，但隨著競爭對手增加，企業需適時調整價格以維持市場占有率。

尾數定價策略（Charm Pricing Strategy）

現代心理學研究顯示，價格尾數的細微差異會影響消費者的購買決策，這稱為「尾數效應」（Odd Pricing Effect）。例如：

◆ 20 元以下，價格尾數以「9」最受歡迎（如 19.9 元、9.99 元）。
◆ 100 元以上，價格尾數以「95」效果最佳（如 199.95 元）。
◆ 1,000 元以上，價格尾數以「98」最為暢銷（如 998 元）。

這類定價策略迎合了消費者求廉價的心理，讓商品看起來更「划算」，促使購買行為發生。

聲望定價策略（Prestige Pricing Strategy）

聲望定價主要適用於高端市場與品牌，其核心概念是「價格與產品價值成正比」。部分消費者購買產品時，不僅考量功能與品質，更關心價格是否能彰顯自身身分與地位。因此，高價反而能提升產品在消費者心中的價值感。例如：奢侈品牌如勞力士、香奈兒等，便透過聲望定價策略，強調「高價格＝高品質＝高社會地位」，吸引特定客群。

招徠定價策略（Loss Leader Pricing Strategy）

招徠定價策略適用於大型零售商或超市，透過某些商品的低價銷售，吸引顧客進店消費，進而帶動其他高價商品的銷售。例如：

◆ 日本某藥房將原價 1,000 元的補藥降價至 400 元出售，吸引大量消費者搶購。然而，消費者在藥房內不僅購買補藥，還購買了其他產品，最終帶動整體銷售額提升。
◆ 超市推出促銷商品（如「買一送一」、「限時特價」）來吸引客流，並藉此帶動其他商品的銷售。

第五章　心理學 × 定價策略：如何讓顧客心甘情願買單？

此策略的關鍵在於挑選需求彈性較大的商品作為「犧牲品」，以量補價，確保企業仍能獲利。

習慣性定價策略（Customary Pricing Strategy）

某些商品因消費者長期購買，已形成固定的心理價格標準，企業若隨意調整價格，將影響顧客對品牌的信任。例如：

- 泡麵價格多年來維持在固定區間，若突然漲價，消費者會產生強烈反感，影響購買行為。
- 速食連鎖店的套餐價格固定，消費者已習慣這樣的價位，若大幅調整，可能導致銷量下降。

因此，對於這類產品，企業應審慎評估價格變動，並透過包裝改變、產品升級或優惠活動來進行價格調整，而非直接提高售價，以減少消費者的抵觸心理。

最小單位定價策略（Unit Pricing Strategy）

此策略將產品按不同數量包裝，以最小單位價格標示，讓消費者在比較時認為較為划算。例如：

- 便利商店的小包裝零食，單價看似較低，但實際單位價格往往高於大包裝。
- 速溶咖啡單杯包裝，比起整罐購買，單杯售價較高，卻更符合消費者便利性的需求。

最小單位定價的關鍵在於讓消費者容易接受較小的購買金額，即使單位成本較高，仍能提升成交機率。

你的產品值多少？
心理定價決定消費者的選擇！

　　產品的定價策略不僅影響企業獲利，也直接關係到消費者的購買心理。透過吸脂定價、尾數定價、聲望定價、招徠定價、習慣性定價及最小單位定價等方法，企業可以針對不同市場與目標客群，靈活調整價格策略，提升銷售業績。

　　然而，成功的定價策略不僅僅是單純降低或提高價格，而是要基於消費者心理，創造產品價值感。當企業能夠精準掌握市場需求，並巧妙運用價格策略，便能在激烈的市場競爭中，持續吸引消費者，讓生意越做越旺。

第五章　心理學 × 定價策略：如何讓顧客心甘情願買單？

復古即時尚！
懷舊行銷如何讓老品牌煥發新生

> 如何透過復刻產品、廣告故事與品牌情感連結，
> 吸引懷舊型消費者？

在現代社會，不斷變遷的科技與潮流，使人們時常感到陌生與不適應。因此，許多人會透過追憶過去來獲得心理上的慰藉。這種懷舊心理不僅影響人們的情感與行為，也對消費決策產生深遠影響。若銷售人員能夠巧妙運用懷舊行銷策略，便能有效吸引特定消費族群，提升產品銷售業績。

成功的懷舊行銷並非單純回憶過去，而是喚起消費者對某段時光的情感共鳴，使他們在產品或品牌中找到熟悉的溫暖與安全感。因此，企業在規劃銷售策略時，應找出目標族群的共同經歷與記憶，並藉由產品、廣告、包裝設計及行銷活動，使其產生共鳴，以此擴大市場影響力。

四大懷舊消費族群與行銷策略

年齡在 40 歲以上的消費族群

隨著年齡增長，人們的懷舊心理逐漸增強，特別是 40 歲以上的族群，因社會環境與生活方式的轉變，對於過去的回憶格外珍惜。此外，這類消費者常對現代年輕世代的價值觀與潮流產生不適應感，進而更加懷念過去的單純與美好。

行銷應對策略：

- 透過廣告文案或品牌故事，強調傳統價值與過去美好時光，拉近與這類消費者的距離。
- 例如食品業可強調「家的味道」、「童年的回憶」等元素，日本某品牌的味噌湯廣告中，呈現出冬日放學後，小孩推開門聞到廚房裡飄來的湯味，搭配奶奶穿著圍裙微笑迎接的畫面，喚起人們對家人陪伴與溫暖食光的記憶。
- 家電品牌可推出經典復刻版，讓消費者重拾舊時代的感動，如復古設計的黑膠唱機或舊款電視機外型的藍牙音響。

擁有特殊經歷的消費族群

這類消費者曾經歷過特定事件或時代背景，因此對過去的回憶格外深刻。例如退伍軍人、大學校友、海外華僑等，這些群體由於共同經歷，使得懷舊心理更為強烈。

行銷應對策略：

- 創造特定懷舊場景，使消費者重溫過去的時光，例如老兵餐廳內展示老式步槍、鏽跡斑斑的小鋼炮、發黃的軍事地圖、舊軍裝，成功吸引老兵及其家人前來消費。
- 針對海外華僑，可強調家鄉風味、傳統文化，如臺灣的鳳梨酥、牛軋糖等伴手禮，主打「家鄉味」，滿足遊子對故鄉的思念。

遠離或背離以往生活環境的消費族群

許多成功企業家、創業人士或移民人士，由於早年經歷過艱辛奮鬥，因此對過去的記憶尤為深刻。他們雖然已經獲得更好的物質條件，但內心仍留存著當年艱苦奮鬥的痕跡，並對舊時光產生依戀。

第五章　心理學 × 定價策略：如何讓顧客心甘情願買單？

行銷應對策略：

◆ 設計產品時，強調傳統與經典，如許多高端品牌會推出「復古限定系列」，吸引這些消費者購買。例如高級西裝品牌推出經典款式、汽車品牌復刻早期設計，如福特 Mustang 60 週年復刻版，便能引起這類消費者的共鳴。

◆ 包裝設計與品牌故事可融入早年艱辛奮鬥的元素，如某些餐廳主打「傳統手工工藝」、「家傳祕方」，藉此喚起消費者的情感連結。

不願改變過去生活習慣，沉溺於舊時光的消費族群

　　有些人對於新科技或流行趨勢較為抗拒，仍然習慣使用舊有產品，並享受其帶來的熟悉感。例如老字號品牌、經典收藏品、傳統工藝品等，都受到這類消費者的青睞。

行銷應對策略：

◆ 推出懷舊復刻產品，如電子產品品牌推出「懷舊設計」的手機或相機，如 Nokia 經典翻蓋手機復刻版、柯達（Kodak）復古膠片相機，吸引不願變換習慣的消費者。

◆ 針對熱愛收集古董、復古物件的族群，品牌可強調「限量版」與「收藏價值」，增加消費者的購買欲望。

◆ 透過體驗式行銷，讓消費者能夠親身感受懷舊產品的魅力，如老街文化市集、復古主題展覽，吸引這類消費者前來參與。

案例分析：成功運用懷舊行銷的品牌

可口可樂（Coca-Cola）復刻經典瓶身

可口可樂曾推出「復刻經典玻璃瓶」與「原始標誌設計」，吸引老顧客購買，並增強品牌的歷史感與文化價值。

Nintendo「懷舊遊戲機」重現經典

任天堂（Nintendo）推出復刻版紅白機，讓 1980、1990 年代成長的消費者重新體驗童年時光，吸引大批粉絲購買。

懷舊行銷：讓消費者為回憶買單，創造品牌新價值

懷舊行銷不僅是銷售產品，更是銷售情感與回憶。消費者的懷舊心理使其對特定時代、文化、生活習慣產生情感依戀，透過懷舊場景、復刻產品、故事行銷等策略，品牌能夠成功吸引目標客群。

企業若能精準掌握消費者的懷舊心理，並根據不同族群採取適當的行銷策略，將能有效擴大市場份額，攫取源源不絕的財富。

第五章　心理學 ✕ 定價策略：如何讓顧客心甘情願買單？

消費流行對消費心理的影響：心理變化與市場行銷策略

在現代市場環境中，**消費流行與消費心理相互影響**，形成一種動態的市場機制。企業在研究消費趨勢時，不僅要關注**消費心理如何影響消費流行**的形成與發展，同時也要分析**消費流行如何改變消費者的心理與購買行為**。這種相互作用，使得市場變化迅速，消費者需求呈現多層次、多元化的趨勢。

消費流行的三個階段

消費流行的發展過程與產品生命週期雖然有所關聯，但仍有明顯區別。產品生命週期通常包含「導入－成長－成熟－衰退」四個階段，而消費流行則經歷「興起－熱潮－衰退」三個階段。

興起期：社會示範效應的推動

在產品的**導入期**，某些具有**鮮明特色與優越性能**的商品會首先吸引**社會名流、高端消費者**以及**喜愛創新**的消費族群。他們的使用行為會產生社會示範效應，進而帶動其他消費者對該產品的興趣。

熱潮期：明星效應與市場爆發

當產品進入成長階段，消費流行則進入**熱潮期**。這一階段的**最大特點**是消費潮流的快速擴張，通常由明星代言、社群媒體話題炒作或行銷推廣策略加速推動。例如：一款新潮服飾或電子產品在短時間內迅速走紅，市場銷量呈指數級增長，甚至引發**搶購潮**，形成強烈的市場衝擊。

衰退期：流行衰退與市場轉換

流行商品與一般商品最大的不同在於，**市場成熟期十分短暫**。當產品廣泛普及後，市場需求趨於飽和，消費者開始尋求新的時尚趨勢。此時，流行趨勢開始減弱，產品進入**衰退期**。這一過程通常伴隨著市場價格下降、促銷活動增多，品牌可能會透過改款、聯名或升級產品來維持關注度。

第五章　心理學 × 定價策略：如何讓顧客心甘情願買單？

潮流趨勢如何塑造消費心理

消費流行的形成並非隨機，而是受到不同社會階層的消費心理所影響。以下三類人群在流行的推動過程中扮演了關鍵角色：

高收入階層：流行趨勢的製造者

金融業者、企業家、成功商人等高收入人群具有高度的經濟自由度，其消費行為往往反映出對奢華與個人品味的追求。這些消費者的強勁購買力，使他們成為市場中的趨勢製造者，無論是高端服飾、豪華轎車，甚至是藝術收藏品，都能夠引領消費風潮。

知名人物階層：流行價值的發掘者

演員、歌手、藝術家等具有公眾影響力的人物，由於職業特性，對時尚趨勢極為敏感，且勇於嘗試新事物。他們不僅關注產品的功能性，更強調其審美價值與文化內涵。因此，他們的購買行為往往影響大眾市場，形成品牌價值的推廣力量。

中等收入階層：流行趨勢的跟隨者

創業者、富家子弟、高階上班族等中產階層，通常具有比較消費與模仿消費心理，希望透過消費行為來表現社會地位。當高端消費者開始採購某種新商品時，這類人群會迅速跟進，以展現個人品味與社會認同。這種行為助長了消費流行的傳播，使產品在短時間內滲透到更廣泛的市場中。

消費流行如何影響消費心理

消費流行的擴展不僅影響市場趨勢，還會引發消費者心理的微妙變化，主要體現在以下幾個方面：

認知態度的變化

根據一般消費心理，顧客對新產品往往持懷疑態度，但消費流行的衝擊可以改變這一心理歷程。

- 第一階段：懷疑消除→當許多名人、媒體開始推廣某項產品時，消費者會減少對其真實性的懷疑。
- 第二階段：肯定強化→當大眾普遍開始接受該產品時，消費者的態度轉向積極，認為該產品值得購買。
- 第三階段：唯恐落後→部分消費者會產生從眾心理，害怕自己無法跟上流行趨勢，而強迫自己做出購買決策。

購買動機的變化

在一般情況下，消費者的購買行為以實際需求為主，但在消費流行影響下，購買動機可能轉向求新、求美、求名、從眾等心理驅動。例如：潮流品牌的消費者可能不是真的需要某件衣服，而是希望獲得「時尚感」與「社會認同」。

價值觀念的變化

正常購買心理：消費者傾向於「比值比價」，選擇 CP 值高的產品。

受流行影響的購買心理：消費者可能因為品牌效應或炫耀心理，即便

第五章　心理學 × 定價策略：如何讓顧客心甘情願買單？

明知某些商品價格被抬高，仍然選擇購買，甚至以「買高價品」為榮。例如：名牌包包、限量版球鞋、奢侈品手錶等商品，經常因為「限量」或「品牌效應」而讓消費者甘願支付更高價格。

心理動機的改變

部分消費者原本具有品牌忠誠度，但受到流行趨勢的影響，可能會改變原有購買習慣。例如：長期使用某個品牌手機的消費者，可能因為某款新手機成為市場熱潮，而選擇嘗試其他品牌，以顯示自己「緊跟潮流」。

趨勢即商機！掌握消費流行動態

消費流行對消費心理具有強烈影響，其作用不僅在於推動市場需求，更在於改變消費者的購買動機與價值觀。企業若能掌握消費流行的動態變化，並針對不同社會階層的心理需求進行精準行銷，將能夠有效提升市場競爭力。

在行銷實務中，品牌應善用明星代言、社群媒體操作、限量策略、品牌價值塑造等方式，引導消費心理，使產品在市場中獲得更強的影響力與持續競爭優勢。

失去才知珍貴 ──
如何運用稀缺性提升商品價值

如何利用商品限量、停售預告等策略提升購買意願

在消費心理學中,「物以稀為貴」是一種常見的行為驅動力。當消費者意識到某件商品即將售罄或機會有限時,往往會產生強烈的購買動機。這種心理現象與害怕失去(Fear of Missing Out, FOMO)密切相關,能夠有效驅使顧客加速決策,進而促成交易。因此,掌握並適當運用「物以稀為貴」的原則,能夠提升業務員的銷售效率。

「物以稀為貴」的心理機制

失去的東西才顯珍貴

人類的心理天性決定了對隨處可得的東西不會特別珍惜,而對稀缺的事物則會產生強烈的渴望。例如:某種商品一旦數量減少或即將停售,人們便會產生「這是最後一次機會」的緊迫感,進而強化購買決策。這種心理機制正如唐代詩人白居易在〈小歲日喜談氏外孫女孩滿月〉中所寫:「物以稀為貴,情因老更慈」,當某種事物變得稀少時,其價值便會隨之提升。

害怕錯失的心理效應

心理學研究表明,人類對於失去的感知強烈程度,遠高於獲得的喜悅。換言之,消費者對於錯失購買機會的恐懼,往往比獲得優惠的快樂更

第五章　心理學 × 定價策略：如何讓顧客心甘情願買單？

強烈。這種現象導致消費者更傾向於優先購買那些即將售罄或限時促銷的商品。商家利用這一心理，經常採取以下策略：

- 限時促銷：「限時三天，全店七折！」
- 限量供應：「本款商品只剩最後五件！」
- 會員專屬優惠：「前 30 名客戶可享買一送一！」

這些行銷話術不僅讓消費者感受到購買的緊迫性，還能提升商品的吸引力，進而加速成交。

案例：房地產銷售中的緊迫感營造

小中是一名房地產業務員，負責推銷 A 與 B 兩套房產。他運用製造稀缺感的方式來影響客戶決策。當客戶來看房時，他首先強調：「A 套房子前兩天已被預訂，目前僅剩 B 套可選。」

這一說法讓客戶產生「A 套房更優質，因此已經被搶先預訂」的錯覺，進而對 A 套房產生更強烈的興趣。在客戶產生遺憾與後悔的心理後，兩天後，小中主動聯絡客戶，告知：「A 套房的買家因資金問題取消了訂單，現在您有機會購買這套房子了。」

由於失而復得的情緒效應，客戶迅速下訂 A 套房，避免再次錯過機會。這種銷售策略透過「先製造遺憾，再給予希望」，讓客戶在情感上產生強烈的購買動機，進而達成交易。

如何在銷售中運用「緊迫感」促成交易

製造數量稀缺感

業務員可以在顧客猶豫時，強調商品的限量性。例如：

- 「這款商品的庫存只剩最後一件。」
- 「這批貨是進口的,未來不一定能再補貨。」
- 「這款熱門商品供應有限,現在不買,可能就買不到了。」

這種說法會讓消費者擔心錯過機會,進而加快決策。

透過時間限制促進購買

設定期限能夠強化消費者的行動力,例如:

- 「此優惠僅限今日,明天將恢復原價。」
- 「只剩最後三天,活動結束後將不再提供折扣。」
- 「這是本年度最後一波促銷,機會難得!」

消費者面對時間壓力時,往往會更快做決定,避免錯失優惠。

增強市場稀缺性的可信度

除了簡單的促銷話術,業務員還可以提供市場供應資訊,增加客戶的信任度。例如:

- 「這款產品的主要原料近期價格上漲,未來的售價可能會提高。」
- 「由於市場需求增加,這款商品的供應將會減少。」
- 「我們的公司可能會調整生產計畫,導致這款商品的未來貨源不穩定。」

這種說法不僅讓客戶產生**「現在不買,以後會後悔」**的感覺,也能讓他們感受到業務員的專業性,增加信任感。

製造「最後機會」的心理暗示

如果客戶仍然猶豫不決,業務員可以透過「最後機會」的話術來刺激決策。例如:

第五章　心理學 × 定價策略：如何讓顧客心甘情願買單？

- 「這是我們最後一批庫存，下一批可能要等半年以上。」
- 「這款商品的生產線即將停產，未來可能買不到相同款式。」
- 「目前的折扣是前所未有的，錯過這次就沒有這樣的優惠了。」

當客戶察覺機會即將消失時，往往會迅速採取行動，以免錯失良機。

有效運用「物以稀為貴」促進銷售

「物以稀為貴」的概念不僅是一種市場法則，更是影響消費心理的重要因素。當消費者意識到商品的供應有限，或機會稍縱即逝時，他們的購買動機將會顯著增強。

成功的業務員應當靈活運用「緊迫感」策略，透過數量限制、時間壓力、供應變動、市場稀缺性等因素，巧妙引導客戶做出購買決策。透過這種方法，不僅能提升銷售轉換率，還能增加客戶對商品的認同感與滿意度，使交易過程更為順利。

關鍵策略

- 營造數量有限的氛圍（「只剩最後一件」）
- 設置時間限制（「優惠倒數三天」）
- 強調市場供應變動（「原料上漲，價格將調整」）
- 利用「最後機會」話術（「這批貨賣完就沒了」）

透過這些策略，業務員可以有效掌握消費者害怕錯失機會的心理，進而提升銷售成效，讓商品更具市場競爭力。

家庭購買決策的角色與影響力

影響者、決策者、購買者——如何精準鎖定銷售目標

在家庭消費中,每位成員在購買決策過程中都扮演著不同的角色。銷售人員在推銷商品時,不僅需要了解產品的使用者,更應掌握誰才是最終的購買決策者,以提高銷售成功率。

家庭購買決策中的主要角色

根據消費心理學的研究,家庭購買決策通常涉及以下幾個主要角色:

發起者(Initiator)

發起者是最早提出購買需求的人,可能是孩子希望父母購買玩具、父親計畫更換家庭電視,或母親覺得需要添購新的廚房用品。他們通常是產品的主要使用者,但不一定是最終決策者或付款人。

影響者(Influencer)

影響者是對購買決策有影響力的人,可能是家中知識最豐富的成員,例如:

- 孩子影響父母購買零食或電子產品
- 丈夫影響妻子購買汽車或保險
- 長輩影響年輕人選擇家電或投資理財

第五章　心理學 × 定價策略：如何讓顧客心甘情願買單？

他們的意見會影響最終購買決策，特別是在高價值商品（如房產、汽車、家電）或專業性強的商品（如金融產品）上。

決策者（Decision Maker）

決策者是擁有購買權力的人，通常負責批准最終的消費決策。例如：

- **丈夫**可能決定購買家庭保險
- **妻子**通常主導家居用品和食品的選擇
- **夫妻**共同決定購買房屋或大型家電
- **長輩**可能影響重要投資或傳統消費習慣

這類人通常是家庭的「掌櫃」，掌控著購買預算，是銷售人員應該最關注的目標對象。

購買者（Buyer）

購買者是實際進行購買行為的人，可能與決策者相同，也可能不同。例如：

- 母親負責購買全家的日用品、食品
- 孩子可能利用零用錢購買玩具或零食
- 丈夫可能親自購買車輛或電子產品

購買者的決定會受影響者與決策者的指導，因此銷售人員需要同時關注影響者與決策者的需求。

使用者（User）

使用者是產品的最終消費者，可能與購買者和決策者不同。例如：

- 父母為孩子購買文具、玩具

- 丈夫為妻子購買首飾
- 公司為員工購買辦公設備

銷售人員需要了解使用者的需求，以便提供個性化的產品推薦，讓決策者認為購買此產品物有所值。

不同類型產品的家庭決策模式

不同商品的購買決策權，通常會由不同的家庭成員主導。例如：

產品類型	主要決策者	影響者	購買者	使用者
兒童玩具	父母	孩子	父母	孩子
日用品／食品	母親	全家	母親	全家
電子產品	丈夫／孩子	孩子／朋友	父母／個人	家庭成員
汽車	夫妻共同	丈夫／專家	丈夫	全家
房產／裝修	夫妻共同	長輩／親友	夫妻	全家
保險／投資	丈夫／長輩	金融顧問／親友	丈夫／妻子	家庭成員

透過分析不同家庭成員在購買決策中的角色，銷售人員能夠針對不同對象調整行銷策略，提高成交機率。

銷售人員如何應對不同角色？

如何影響決策者？

- **強調產品的價值與必要性**：例如推銷保險時，向丈夫說明保障家庭的長期利益。

第五章　心理學 × 定價策略：如何讓顧客心甘情願買單？

- ◆ **提供財務合理性**：幫助決策者計算長期成本效益，使其相信購買決策是「划算」的。
- ◆ **減少決策風險**：如提供試用期、退款保證等，降低購買門檻。

如何影響影響者？

- ◆ **針對孩子或年輕人**：可以強調品牌故事、潮流元素，讓他們主動向父母推薦產品。
- ◆ **針對長輩或專家**：提供權威數據、專家推薦或使用見證，提高可信度。
- ◆ **針對朋友或親友**：設計推薦獎勵機制，例如：「推薦好友購買可享折扣」。

如何影響購買者？

- ◆ **提供額外優惠**：如「買一送一」、「會員專屬折扣」，促使購買者直接下單。
- ◆ **讓購買者感覺決定正確**：強調「許多顧客都買這款」，降低購買者的猶豫心理。
- ◆ **營造緊迫感**：如「限量折扣」、「最後三天特價」，讓購買者快速行動。

如何影響使用者？

- ◆ **提供個人化體驗**：如產品試用、客製化設計，讓使用者更容易接受。
- ◆ **收集使用者回饋**：提升品牌忠誠度，鼓勵他們向決策者推薦。
- ◆ **建立長期關係**：例如透過會員制度，讓使用者成為回頭客。

掌握家庭購買決策,提高銷售成功率

在家庭消費中,每位成員都扮演著不同的角色,影響著最終購買決策。成功的銷售人員,必須能夠區分決策者、影響者、購買者與使用者,並針對不同角色調整行銷策略。

關鍵銷售策略

- 找出「掌櫃」,鎖定決策者(家庭購物通常由主要財務負責人決定)
- 影響影響者,提高購買可能性(如孩子、專家、親友)
- 降低購買風險,增加決策信心(提供優惠、試用、退貨保證)
- 營造緊迫感,促進購買行動(限時優惠、數量有限)

透過這些策略,銷售人員不僅能夠準確鎖定適合的消費族群,還能提高產品成交率,讓銷售業績更上一層樓。

第五章　心理學 ✕ 定價策略：如何讓顧客心甘情願買單？

商品陳列的心理學

讓商品成為顧客的視覺焦點

商品的擺放不僅關係到店內的整潔度，更直接影響消費者的購買決策。根據心理學研究，視覺刺激與環境氛圍能夠強烈影響購物行為。法國有句經商諺語：「即使是水果蔬菜，也要像一幅靜物寫生畫那樣藝術地排列」，這說明了商品陳列的藝術能夠直接影響顧客的購買欲望。

商品擺放的三大策略

要讓顧客對商品產生購買興趣，商家應該在陳列方式上下功夫，透過視覺吸引力來刺激消費。以下是三個關鍵策略：

(1) 擺放豐滿，提升購物信任感

當顧客走進店鋪時，第一眼注意的不是銷售人員，而是貨架上的商品陳列。豐富的商品能夠讓顧客產生以下心理效應：

◆ 視覺上形成充足感，讓顧客覺得有更多選擇，不會擔心買不到想要的商品。

◆ 建立店家可信度，如果貨架稀稀落落，會讓人懷疑這家店的生意狀況、商品品質，甚至讓人不願多逗留。

◆ 促使顧客更有信心購買，琳琅滿目的商品會讓顧客覺得這些產品受到歡迎，願意加入購買行列。

實際應用建議

- 維持貨架商品充足感，避免顯得過於空蕩。
- 適當堆放商品，但仍須分類清楚，避免雜亂無章影響消費者體驗。
- 利用「熱銷區」展示受歡迎商品，提高顧客對熱門產品的信任感。

(2) 展示商品美感，強化視覺吸引力

視覺美感是影響消費者購買決策的重要因素。當顧客接近商品區時，他們會想知道：

- 商品的品質如何？
- 產品外觀是否符合個人審美？
- 商品是否適合自己的需求？

根據「吸引力效應」（Attractiveness Bias），人們往往會更容易購買視覺上美觀的商品。這意味著，商品的擺放方式會影響顧客對商品價值的感知，進而影響購買決策。

實際應用建議

- 利用對稱擺放、色彩搭配，強化商品陳列的視覺吸引力。
- 透明包裝或開放式展示，讓顧客能夠直接看到商品質感。
- 採用樣品區，讓顧客能夠親自接觸、體驗產品，增加購買可能性。

例如：在超市的水果區，將紅色蘋果、黃色香蕉、綠色奇異果錯落擺放，能夠形成視覺對比，刺激顧客購買意願。而在服飾店，將同一色系的服飾排列在一起，則能夠讓顧客輕鬆挑選適合的款式，提高購物體驗。

第五章　心理學 × 定價策略：如何讓顧客心甘情願買單？

(3) 營造特定氛圍，創造沉浸式購物體驗

消費心理學指出，環境氛圍能夠顯著影響購買行為 (Kotler, 1973)。良好的商品陳列不僅能夠吸引顧客，還能夠營造購物氛圍，讓顧客產生更深層次的情感聯結。

心理學應用

- **情境想像效應**（Mental Simulation Effect）：當人們能夠想像自己使用某個產品時，他們更容易產生購買衝動。
- **情感共鳴效應**（Emotional Resonance Effect）：當顧客感受到特定商品與自己的情感連結時，購買行為更容易發生。

實際應用建議

- **運用場景式陳列**：如家具店打造「客廳區」「臥室區」，讓顧客想像使用情境。
- **結合燈光、音樂與氣味**：提升感官體驗，例如高端服飾店常播放輕柔音樂、書店搭配咖啡香氣。
- **設計促銷標語，傳遞購買動機**：「限量特惠」「最後一天特價」，營造緊迫感，促使決策加速。

例如：在房地產銷售中，展示樣品屋時，搭配溫暖的燈光、精緻擺飾，讓顧客能夠想像未來的生活，從而提高購買欲望。

此外，在**珠寶店**，若將商品擺放在絲絨展示盒中，再搭配聚光燈照射，能夠突顯珠寶的光澤與高級感，進而提升消費者對其價值的認同。

商品擺放決定購買行為

　　良好的商品陳列策略，不僅能夠提升顧客的購物體驗，還能夠大幅增加商品的銷售機會。商家應該掌握以下三大關鍵策略：

- 營造豐滿感，提高顧客信任與購物動機
- 強調視覺美感，提升商品吸引力
- 塑造購物氛圍，讓顧客透過情境想像增加購買欲望

　　在競爭激烈的市場中，透過科學化的商品陳列設計，能夠讓商家在無形之中吸引更多顧客，提高銷售業績，讓消費者「看到就想買」！

第五章　心理學 × 定價策略：如何讓顧客心甘情願買單？

創新促銷策略：
突破傳統，打造品牌價值

分析傳統促銷手法的缺陷，了解改變促銷方式的必要性

在市場競爭日益激烈的環境下，傳統促銷方式已逐漸失去吸引力。現代行銷不僅僅是透過促銷來提升銷售，更要透過創新與策略來建立品牌價值，使消費者對產品產生長遠的認同感。本文將探討促銷活動中常見的問題，以及如何透過創意促銷來提升品牌競爭力。

傳統促銷的常見問題

傳統促銷策略的局限性

傳統的促銷方式大多仰賴以下三種常見手法：

- 降價優惠
- 抽獎活動
- 贈品回饋

這些促銷手法雖然能在短時間內吸引消費者目光，但長期來看卻難以建立消費者對品牌真正的忠誠度。原因是消費者最終記住的往往不是品牌本身，而是促銷活動中的折扣、優惠或贈品。一旦停止促銷，銷售量便立即下滑，導致品牌陷入必須不斷推出優惠活動的惡性循環。

例如：國際連鎖品牌必勝客（Pizza Hut）在長期推行「買大送大」等優惠活動後，導致許多消費者養成「沒有優惠就不值得購買」的消費心理，使品牌價值逐漸受到侵蝕。

避免過度依賴促銷的陷阱

品牌若希望長期穩定發展，應避免過度依賴促銷策略，並將焦點轉移至建立品牌價值與顧客忠誠上，以避免品牌形象被短期利益所稀釋（Solomon, 2020）。

競相降價，導致市場惡性競爭

不少商家在促銷時，為了吸引消費者，會與競爭對手進行價格戰：

◆ 競爭對手打五折，自己就打四折
◆ 對手打四折，自己打三折

這種策略雖然短期內能帶來銷量，但長期來看，不僅壓縮利潤，還會影響品牌形象。當價格戰過於頻繁，消費者將不再關心品牌價值，而是只關心哪裡更便宜，最終導致品牌忠誠度下降。例如：某些電商平臺頻繁推出低價促銷活動，使消費者形成「等促銷才買」的消費習慣，長期下來對品牌不利。

促銷方式過於隨意，缺乏創意

許多企業在促銷時，缺乏完整的規劃與創意，導致促銷活動流於形式，例如：

◆ 發送大量傳單，但消費者視而不見
◆ 「買 A 送 B」的贈品組合缺乏吸引力
◆ 節日促銷內容與品牌無關，只是單純折扣

第五章　心理學 × 定價策略：如何讓顧客心甘情願買單？

這種急功近利的促銷方式，往往無法為品牌帶來長遠效益，甚至可能讓消費者對品牌產生負面印象。

創意促銷的策略與方法

要讓促銷活動真正發揮作用，銷售人員需要突破傳統框架，結合創意、體驗、科技等方式，打造更有吸引力的行銷活動。

體驗式促銷

讓消費者親身體驗產品，能有效增加購買意願。例如：

- 美妝品牌舉辦免費試妝活動，讓消費者親自感受產品效果。
- 家電品牌提供免費試用服務，讓消費者先體驗後購買，提高成交率。
- 食品品牌透過試吃活動，讓消費者先品嘗產品，再決定購買。

這種促銷方式不僅能增加消費者的信任感，也能有效提升品牌忠誠度。

會員專屬優惠

現代消費者越來越注重個性化服務，透過會員制度可以有效提高顧客黏著度。例如：

- **積分兌換**：讓消費者累積消費額度，換取專屬優惠或禮品。
- **VIP 專屬折扣**：提供會員獨享的折扣優惠，增加品牌忠誠度。
- **限量搶購**：提供會員限定商品，創造稀缺感，提升購買欲望。

例如：星巴克會員可透過累積點數兌換免費飲品，這種模式不僅提升回購率，也能讓消費者對品牌產生更強的認同感。

社交媒體與病毒行銷

隨著社群媒體的發展，品牌可以透過**創意活動**來提升曝光率。例如：

◆ 舉辦社群挑戰賽，讓消費者透過標籤（Hashtag）分享產品使用心得。
◆ 創造互動性內容，如「留言＋分享」抽獎活動，提高品牌觸及率。
◆ 與 KOL（關鍵意見領袖）合作，透過影響力推廣產品。

例如：Nike 曾透過社群媒體發起「Run with Nike」挑戰，鼓勵消費者分享跑步紀錄，成功提升品牌互動度與曝光率。

結合環保與公益

現代消費者越來越重視企業社會責任，若促銷活動能與環保或公益相結合，不僅能提升品牌形象，也能吸引更多消費者。例如：

◆ 「**以舊換新**」促銷活動：鼓勵消費者回收舊商品，換取折扣，減少浪費。
◆ **公益捐贈**：每購買一件商品，品牌將捐出部分收益給慈善機構，吸引有社會責任感的消費者。

例如：IKEA 曾推出「舊家具回收計畫」，鼓勵消費者回收舊家具，換取購物折扣，成功提升品牌形象與消費者參與度。

促銷需要創意與策略

促銷不只是單純的價格戰，而是建立品牌價值與提升顧客體驗的重要手段。透過以下策略，可以讓促銷活動更具吸引力：

◆ 體驗式促銷，讓顧客親身感受產品

第五章　心理學 × 定價策略：如何讓顧客心甘情願買單？

- ◆ 會員制度，提高顧客忠誠度與回購率
- ◆ 社群媒體行銷，擴大品牌影響力
- ◆ 結合環保與公益，提高品牌價值

　　未來的促銷活動，不再只是單純的「打折、抽獎、贈送」，而是需要結合創意與科技，打造更具吸引力的行銷體驗，才能真正吸引消費者，提升品牌競爭力！

時尚消費心理學：
解碼潮流背後的驅動力

時尚如何影響消費者的
自我認同、社交需求與購買決策

時尚消費不僅僅是購物行為，更是一種社會現象。隨著人們對於生活品質的提升，時尚元素已成為消費決策的重要驅動力。現代消費者不僅關注商品的實用性，更希望透過購買時尚產品來表現自我、強化個人形象。掌握這種趨勢，對於銷售人員來說，是促進銷售的重要關鍵。

時尚消費的心理驅動力

模仿心理：群體效應的影響

時尚流行的形成很大程度上是由於群體模仿效應。當消費者看到某個明星、意見領袖（KOL）或身邊的人穿戴特定服飾或使用某款商品時，往往會產生趨同心理，希望自己也能成為時尚潮流的一部分。例如：

◆ **服飾流行趨勢**：某款鞋子或服裝經過名人代言或社群媒體推廣後，消費者會紛紛購買，形成市場熱潮。
◆ **科技產品**：蘋果公司每年推出新款 iPhone，許多消費者即便舊機仍能使用，也會選擇升級，以彰顯自身與潮流同步。

第五章　心理學 ✕ 定價策略：如何讓顧客心甘情願買單？

自我實現與身分認同

對許多消費者而言，時尚消費不僅是滿足物質需求，更是一種自我實現的方式。許多品牌透過行銷策略，讓消費者感受到產品不只是商品，更是個人品味與身分象徵。例如：

- **奢侈品牌行銷**：Gucci、Louis Vuitton 等品牌強調「不僅是產品，而是生活方式」，讓消費者認為擁有該品牌等於提升個人社會地位。
- **客製化服務**：Nike By You 讓消費者可自行設計鞋款，滿足個人化需求，增強購買動機。

短期潮流與消費焦慮

時尚產品的壽命往往較短，消費者容易因為「怕錯過」而趕緊購買，這種現象被稱為 FOMO（Fear of Missing Out）效應，譯成「錯失恐懼症」。例如：

- **快時尚品牌**（如 ZARA、H&M）利用快速疊代的產品策略，使消費者覺得「現在不買，以後可能就沒有了」。
- **限量商品**（如聯名款球鞋）透過稀缺性策略，激發消費者的緊迫感，促使他們迅速決策。

成功塑造時尚消費的行銷策略

掌握時尚週期，適時推出新品

時尚產業的週期性特點，使得企業必須預測市場趨勢，適時推出新品。例如：

- **春夏、秋冬新品發表**：時裝品牌每年推出兩季新品，以保持市場新鮮度。
- **科技產品更新換代**：蘋果、三星等品牌每年發布新產品，創造市場話題。

利用社群媒體與 KOL 影響力

社群媒體已成為**影響消費決策**的重要工具，透過與 KOL 合作，可有效提升品牌影響力。例如：

- **網紅行銷**：許多美妝品牌會邀請美妝部落客試用新產品，透過影片與貼文分享心得，引發消費者關注。
- **社群互動**：品牌可透過 Instagram、TikTok 等社群平臺，鼓勵消費者分享產品使用經驗，擴大品牌影響力。

創造品牌故事，建立時尚形象

消費者對於品牌故事往往比產品本身更感興趣，透過塑造獨特的品牌形象，可以強化消費者的忠誠度。例如：

- 愛迪達（Adidas）強調運動精神，使品牌不僅是一雙運動鞋，而是一種生活態度。
- Lush 強調環保與手工製造，吸引重視環境保護的消費者。

強調個性化與客製化

現代消費者不再滿足於「千篇一律」的商品，而是希望擁有獨一無二的產品。因此，提供個性化選項可以提升消費者的參與感。例如：

- Levi's 提供客製化牛仔褲服務，讓消費者選擇布料、剪裁與刺繡。

第五章　心理學 × 定價策略：如何讓顧客心甘情願買單？

◆　Apple Watch 可更換錶帶，滿足不同風格需求。

營造限量感與獨特性

◆　**限量發行**：如聯名商品、特別版配色等，提升產品的收藏價值。
◆　**期間限定**：如星巴克推出的「櫻花季限定飲品」，營造季節感，刺激消費者購買。

讓品牌成為時尚的代名詞

時尚消費不僅是一種購物行為，更是消費者展現自我、追求潮流的方式。成功的品牌與銷售策略，應該抓住以下幾個關鍵：

◆　利用模仿心理，創造市場風潮
◆　透過 KOL 與社群行銷，擴大品牌影響力
◆　強調品牌故事，提升消費者情感連結
◆　提供客製化服務，讓消費者感受到獨特價值
◆　透過限量與獨特性，營造搶購熱潮

只要能夠成功掌握時尚消費心理，並運用創意行銷手法，品牌將能夠在競爭激烈的市場中脫穎而出，成為消費者追求潮流的首選！

掌握關鍵興趣點，
精準刺激客戶購買決策

了解客戶購買決策的核心驅動力，挖掘其最在意的產品價值點

在銷售過程中，了解客戶的需求並不僅僅是讓他們感受到產品的多種優勢，而是要找到影響客戶購買決策的關鍵點，並透過重複強調、營造氛圍來放大這個影響力。這種策略能夠讓客戶的心理需求達到巔峰，進而做出購買決定。

關鍵購買點（Key Buying Point）：精準擊中客戶需求

每位客戶在購買時都有一個最核心的購買動機，這可能是：

產品的某個特點（如游泳池、海景、品牌等）

對某種生活方式的嚮往（如高端品味、社交象徵）

對現實問題的解決方案（如更方便的清潔、更省時的家電）

價格優勢（如折扣、限時優惠）

當業務員成功識別並鎖定這個關鍵點後，就能透過反覆刺激，讓客戶將所有注意力集中在這個關鍵點上，強化購買決心。

第五章　心理學 × 定價策略：如何讓顧客心甘情願買單？

如何精準掌握客戶的關鍵點？

深入了解客戶需求

成功的銷售，不是告訴客戶你的產品有多好，而是讓客戶發現你的產品正好滿足他的需求。

要掌握這一點，需要在與客戶的互動中，透過提問與觀察來發掘他的核心需求：

- **開放式問題探詢**：「對您來說，購買這個商品最重要的考量是什麼？」
- **觀察客戶反應**：注意客戶對哪些話題特別感興趣，或者對哪些特點表現出熱情。

舉例來說，房產仲介在帶看時，透過對話發現客戶太太特別喜歡游泳池，就不斷將話題引導到游泳池上，從而成功促成交易。

讓客戶感受到被重視

客戶不僅在意產品本身，更在意自己是否受到重視。

- **個性化推薦**：當客戶表達某項特別需求時，強調該產品能「特別滿足」他的要求，讓他感受到專屬感。
- **舉例支持**：提供案例或數據來證明產品如何解決類似需求，讓客戶更加信任你的建議。

例如：奢侈品銷售員不會說：「這款手錶很貴」，而是會說：「這款限量版手錶能突顯您的品味，很多高階企業家都選擇這款。」這樣的說法能讓客戶感受到自己的身分價值，提升購買意願。

反覆強調關鍵點,放大需求

找到關鍵點後,務必要反覆強調,以強化客戶的購買欲望。具體策略包括:

- **場景模擬**:讓客戶想像使用該產品的情境,例如:「這款按摩椅能幫助您每天回家後放鬆,減少疲勞,讓您的生活更舒適。」
- **情緒共鳴**:利用客戶的情感,例如:「這款兒童安全座椅能讓您的孩子更安全,讓您開車時更安心。」
- **營造稀缺感**:「這款產品很受歡迎,目前只剩最後幾件,如果今天決定,我可以幫您保留。」

這種重複加強的方式,能讓客戶在心理上更加認定該產品符合自己的需求,進而促成購買。

如何提升銷售過程中的說服力?

讓客戶感受到「被特殊對待」

當客戶覺得自己是被特別照顧的,他的購買意願會顯著提升。方法包括:

- **提供客製化方案**:「這款產品有很多款式,但我覺得這一款最適合您,因為它的設計與您的需求完全契合。」
- **製造 VIP 感受**:「這款手錶是限定版,目前市場上很少見,我特別為您留了一款。」

當客戶感受到被「特別對待」,購買意願會明顯提高。

第五章　心理學 ✕ 定價策略：如何讓顧客心甘情願買單？

幫助客戶一次性解決問題

客戶希望一次購物解決多種需求，因此，銷售人員可以提供更完整的解決方案，例如：

- **房屋銷售**：搭配家具推薦，讓客戶覺得入住後不需要再額外找設計師。
- **電子產品**：除了銷售手機，還提供保護殼、螢幕保護貼等組合方案，讓客戶一次購足。

這種策略讓客戶覺得購買過程更方便，能夠加速決策過程。

即時補救，展現誠意

如果銷售過程中出現問題，客戶希望得到即時的補救與真誠的回應：

- **迅速解決問題**：「我們發現這次的發貨有誤，我會馬上安排補寄，確保您能及時收到。」
- **提供補償方案**：「如果這次的產品不符合您的期待，我們可以免費提供升級方案，確保您滿意。」

讓客戶感受到誠意，能夠大幅提升品牌信任度，甚至讓不滿意的客戶變成忠實顧客。

精準擊中客戶需求，提升銷售成功率

銷售不僅是介紹產品，而是要精準掌握客戶的關鍵興趣點，並透過反覆強調來加強他的購買欲望。

◆ 發掘客戶的關鍵點（需求、痛點、興趣）
◆ 強化關鍵點的影響力（場景模擬、情緒共鳴、稀缺感）
◆ 讓客戶感受到尊重與特別對待（個性化推薦、VIP 待遇）
◆ 提供完整的解決方案，降低購買門檻

　　當銷售人員能夠掌握客戶的心理，並善用技巧來放大購買動機，成交將變得水到渠成！

第五章　心理學 × 定價策略：如何讓顧客心甘情願買單？

第六章
非語言銷售心理學：
透過微表情與動作提升成交率

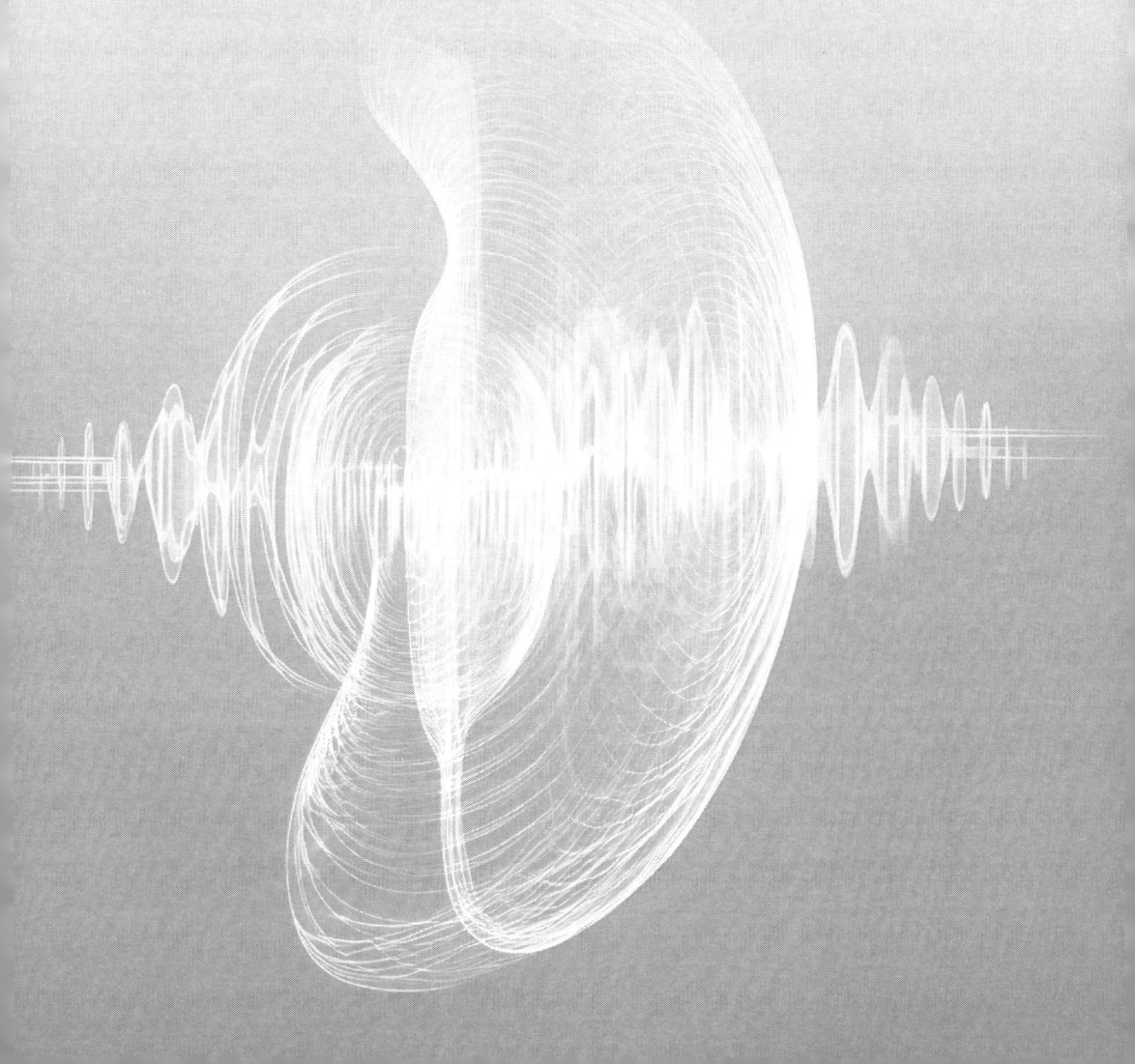

第六章　非語言銷售心理學：透過微表情與動作提升成交率

透過「眉語」讀懂顧客心理，提升銷售成功率

從揚眉、皺眉到聳眉，解讀顧客內心活動

在銷售過程中，語言固然重要，但非語言訊息往往更能真實地反映顧客的內心感受。其中，眉毛的細微變化可以傳達出許多訊息，影響購買決策。業務員如果能夠善用「察眉」技巧，不僅能更快掌握顧客心理，還能有效引導銷售過程，促成交易。

眉語：無聲的銷售指南

「眉語」是指人們透過眉毛的舒展或收斂，來表達情緒或意圖。古人稱眉毛為「七情之虹」，因為它能細膩地表現出內心感受，如：

- **揚眉**：高興、滿足、興奮
- **皺眉**：疑惑、不滿、抗拒
- **聳眉**：厭煩、無奈、抗拒
- **閃眉**：驚喜、興趣、好感
- **橫眉**：憤怒、拒絕、警戒

這些細微的變化，都是業務員在與顧客互動時應該密切關注的訊號。

如何運用「眉語」來提升銷售效果？

透過「眉語」判斷顧客的真實想法

顧客揚眉，表示興趣增加

當顧客看到某件商品時眉毛上揚，可能代表這項產品符合他的需求，或讓他感到驚喜。

銷售對策：這時應強化產品的優勢，強調它如何能滿足顧客需求，例如：「這款新型筆電剛上市，許多專業人士都推薦，它的續航力特別強，您一定會喜歡。」

顧客一邊揚眉，一邊皺眉，表示猶豫

當顧客一邊眉毛上揚，另一邊眉毛微微皺起，這代表他可能對某部分感興趣，但仍有疑慮。

銷售對策：這時應進一步詢問：「看您的表情，似乎對這個功能有些疑問？您最在意的是哪個部分呢？」以此來引導對話，解決顧客的疑慮。

顧客皺眉，表示抗拒或不滿

當顧客皺眉時，可能代表對價格、品質或某個特點不滿。

銷售對策：應先試圖緩和氣氛，例如：「我能理解您的顧慮，請問是價格還是功能方面讓您有點猶豫呢？讓我看看如何能幫您找到最適合的方案。」

顧客聳眉，表示厭煩或不耐煩

當顧客眉毛上揚又迅速下降，並伴隨撇嘴動作，可能代表對產品或推銷方式感到不耐煩。

銷售對策：應立即改變話題或縮短銷售時間，避免過度推銷。例如：「我不會占用您太多時間，簡單說明一下這款產品的核心優勢，看看是否符合您的需求。」

第六章　非語言銷售心理學：透過微表情與動作提升成交率

顧客閃眉，表示興趣或期待

眉毛短暫地上揚然後回復正常，表示他對你的產品或話題有興趣。

銷售對策：應立即加強吸引力，例如：「我看到您對這款新技術很感興趣，這項功能特別適合您的需求，讓我進一步為您介紹。」

透過「眉語」適時調整銷售策略

在銷售互動中，觀察顧客的眉毛變化，可幫助業務員即時調整策略，避免讓顧客失去耐心或產生抗拒心理。

當顧客揚眉但皺眉後退縮

這表示他一開始感興趣，但後來可能因為價格或其他因素卻步。

對策：可以強調產品的附加價值，例如：「雖然這款手機比市場上其他品牌貴一點，但它的相機品質和電池續航能力是市面上最頂級的。」

當顧客眉毛緊鎖但稍後放鬆

這代表他的內心已經開始動搖，可能在考慮是否購買。

對策：可以給予優惠或限時折扣來促進決策，例如：「這款商品今天有特別優惠，如果您現在決定購買，我可以幫您申請額外折扣。」

當顧客長時間皺眉並擺出抗拒姿態

這可能代表他對產品不感興趣，或已經做出不購買的決定。

對策：應迅速轉變策略，例如：「或許這款產品不太符合您的需求，您更在意的是哪些方面呢？我可以幫您推薦更合適的選擇。」

運用「眉語」，創造更順暢的銷售對話

除了察覺顧客的眉語，業務員本身也可以適時使用「眉語」來影響對話氣氛：

適時揚眉，增加親和力：「這款商品的回饋非常好，許多客戶用過都說效果很棒！」（揚眉微笑，強調產品優勢）

微微皺眉，表現共鳴：「我理解您的顧慮，其實很多客戶剛開始也有這樣的想法……」（模仿顧客的表情，讓他感覺被理解）

閃眉搭配點頭，表達讚同：「這點您說得很對，這款產品確實很符合您的需求！」（透過閃眉來增加信任感）

運用「眉語」，讓銷售更有溫度

銷售不僅僅是推銷產品，更是與顧客建立情感連結的過程。透過觀察顧客的「眉語」，業務員可以：

- 迅速掌握顧客的內心情緒，判斷購買意願
- 及時調整銷售策略，提升說服力
- 增強親和力，拉近與顧客的距離，讓成交變得更加順利

當業務員能夠讀懂「眉語」，並善加運用，將能更有效地影響顧客的決策，讓每一次銷售都更具人性化與精準度！

第六章　非語言銷售心理學：透過微表情與動作提升成交率

坐姿透露購買意願？
業務員必學的非語言銷售技巧！

了解不同坐姿所代表的心理狀態，
靈活調整銷售策略

在銷售過程中，不僅言語和表情能透露顧客的心理狀態，**坐姿**也是一個重要的非語言訊號。不同的坐姿代表著不同的情緒和購買意願，業務員若能察覺這些細微變化，便能適時調整銷售策略，提升成交機率。

常見坐姿與對應的心理分析

把腿放在椅子扶手上：漠不關心或挑釁

特徵：

顧客坐著時，一條或兩條腿跨在椅子的扶手上，身體向後靠。

表面上可能微笑或點頭，但實際上對談話內容毫無興趣。

心理分析：

代表不在意，甚至帶有輕蔑或挑釁的態度。

可能覺得你的產品對他來說不重要，或不認為你的話值得聽。

應對策略：

改變顧客的坐姿，讓他重視談話內容。可以用禮貌的方式遞資料給他，或請他往前坐：「這裡有一份資料可能對您有幫助，您可以靠近一點看看嗎？」

轉移話題，吸引顧客注意：「這個產品有個特點特別適合您的需求，或許您會感興趣。」

彈弓式坐姿：強勢、自信，想掌控談話

特徵：

一條腿放在另一條腿上，呈現「4」字形，雙手放在後腦勺，身體後仰。

常見於高層主管、決策者或自信心強的人。

心理分析：

這種姿勢表現出優越感和控制欲，顯示顧客希望在談話中占據主導地位。

可能已經有固定的消費習慣或品牌偏好，不容易被說服。

應對策略：

不要與之對抗，而是引導對話：「我知道您對這類產品一定很有見解，能否分享一下您的想法？」

用開放式問題讓顧客主動參與，減少他的防禦心態：「這款產品與市場上其他產品相比，您覺得最重要的考量因素是什麼？」

創造新價值，讓顧客覺得自己獲得優勢：「這是市場上少見的規格，很多業界專家都推薦它，您可能會覺得有意思。」

起跑式坐姿：準備結束對話

特徵：

雙手輕放在腿上，身體前傾，腳尖微微翹起，彷彿準備站起來離開。

心理分析：

第六章　非語言銷售心理學：透過微表情與動作提升成交率

正向情境：如果顧客之前有表現出興趣，這種坐姿可能代表購買意願強烈，已準備下單。

負向情境：如果顧客對話過程中態度冷淡，這種姿勢可能意味著他對產品已完全失去興趣，迫不及待想離開。

應對策略：

如果顧客準備購買：「看來您已經有決定了！讓我幫您安排更合適的選項，確保這個產品完全符合您的需求。」

如果顧客顯示不耐煩：「我不想占用您太多時間，只想快速解答您可能的疑問，看看這產品是否真的適合您。」

軍人式坐姿：嚴謹、有條理的客戶

特徵：

坐得筆直，雙腳平放地面，手放在膝蓋或扶手上，不會隨意變換姿勢。

這種坐姿常見於公務員、技術專家、軍職人員或嚴謹務實的人。

心理分析：

代表正直、理性、講求條理與細節，不會因一時衝動購買產品。

這類顧客通常會對產品品質、技術規格、售後服務等方面提出詳細問題。

應對策略：

不要誇大產品優勢，而是提供確實數據與事實依據：「這款產品的耐用性經過國際標準測試，您可以參考這些數據。」

尊重他的理性分析，強調投資報酬率：「這個產品雖然價格略高，但從長期來看，它的效能與節省成本的效果更優秀。」

用清晰條理的方式介紹產品,不要急於促成交易:「我能理解您希望仔細評估所有選項,如果您有任何細節想進一步了解,我很樂意提供更多資料。」

綜合運用「坐姿分析」,提升銷售成功率

坐姿	心理狀態	應對策略
腿放在扶手上	不在乎、挑釁	遞交資料、改變坐姿,轉移話題
彈弓式坐姿(4字腿+雙手後腦勺)	強勢、自信、想掌控談話	讓顧客主導話題,提出開放式問題,引導對話
起跑式坐姿	可能準備購買,也可能想離開	觀察對話背景,決定是否總結或縮短談話
軍人式坐姿(坐姿筆直)	嚴謹、理性、重視細節	以數據和邏輯說服,強調長期價值

讀懂顧客坐姿,精準掌握銷售節奏

顧客的肢體語言往往比言語更能透露真實想法。透過觀察坐姿,業務員能夠更精準地評估顧客的心理狀態,並靈活調整銷售策略,以提升成交機率。

◆ 如果顧客展現強勢,讓他主導對話,尋找切入點。
◆ 如果顧客表現不耐煩,縮短談話時間,快速提供關鍵資訊。
◆ 如果顧客理性嚴謹,以數據和邏輯來說服,而非情感渲染。
◆ 如果顧客準備購買,把握時機提供額外價值,促成交易。

當業務員能夠善用坐姿分析,不僅能更精確地理解顧客心理,還能創造更高效的銷售互動,提升成交機率!

聽懂顧客的「弦外之音」，才能提升銷售成功率

解讀顧客的真正想法，化猶豫為購買決定

在銷售過程中，許多業務員往往只關注顧客的「表面語言」，卻忽略了「話裡有話」的潛在含義，導致無法精準回應顧客需求，錯失成交機會。因此，業務員必須學會聽懂顧客的弦外之音，從語氣、表情、身體語言等細節中，洞察顧客真正的購買心理。

顧客常見的「弦外之音」及應對策略

顧客的話	可能的弦外之音	應對策略
「這商品不錯，質優價廉。」（但語氣不屑）	可能是認為價格過高或商品不值這個價	重新強調產品的獨特價值，或考慮提供優惠來拉近價格認知
「我再考慮一下。」	可能是不想當場拒絕，也可能覺得價格不合理、產品吸引力不夠，或有其他選擇	透過提問來了解真正的顧慮，如：「您覺得哪個方面還需要進一步考量呢？」
「這東西不錯，就是……」（後面猶豫不決）	可能是有潛在的需求，但還沒完全確定	進一步探詢顧客的需求，並給出合適的方案，如：「您最看重這項產品的哪個部分？」

顧客的話	可能的弦外之音	應對策略
「價格有點高啊！」	可能是想要議價，也可能是對產品價值存疑	強調產品的價值與市場定位：「這款產品的材料和設計與一般產品不同，價格反映了它的品質。」
「這東西適合年輕人。」	可能是自認為不適合這產品，但仍然有興趣	引導顧客接受產品，如：「其實這款產品很多人都愛用，因為它能帶來……」

案例解析：如何成功解讀顧客心理

案例一：從「送禮」話題發掘潛在需求

場景：

一對中年夫婦來精品店買茶具，業務員推薦了一款高雅風格的茶具，顧客表現出欣賞，但妻子突然說：「這套茶具很漂亮，但我外甥女結婚，應該選喜慶一點的。」

弦外之音：

◆ 顧客確實喜歡這款茶具，但可能覺得不適合送禮。
◆ 夫妻倆可能也有自用需求，只是沒表達出來。

成功應對：

業務員沒有直接放棄這款茶具，而是推薦更符合結婚禮物需求的款式：「這款茶具的顏色喜慶，年輕人都很喜歡。」

她也不忘肯定顧客的品味，**營造雙重購買的機會**：「剛才那款很適合您自己使用，顯得高雅有品味，您不妨考慮兩款都帶回去。」

第六章　非語言銷售心理學：透過微表情與動作提升成交率

結果顧客買了兩套茶具，達成雙倍銷售額！

關鍵技巧：

◆ 不要只關注顧客說出口的話，而要推測其潛在需求。
◆ 適時肯定顧客的選擇，增加產品的價值感，提升購買意願。

案例二：「我再考慮一下」的不同含義

顧客在猶豫時，最常說的一句話就是：「我再考慮一下。」然而這句話可能蘊含多種不同的意思。

可能的含義：

◆ 真的需要時間考慮，希望先比較後再決定。
◆ 對價格不滿意，但又不好意思當場議價。
◆ 不想購買，但又不想直接拒絕，避免尷尬。
◆ 對產品有興趣，但對某些功能仍存疑。

成功應對：業務員不應直接放棄，而應該進一步了解顧客的顧慮。

詢問關鍵點：「請問您最在意的部分是價格，還是其他方面？」

排除疑慮：「很多客戶原本也有類似考量，但試用後發現它確實能解決某些問題……」

限時優惠策略：「目前有特別活動，今天購買可享免費升級，您不妨考慮看看？」

這樣的策略可以有效降低顧客的心理防線，提升成交率。

如何訓練「聽懂弦外之音」的能力？

結合語境，觀察顧客的肢體語言

顧客的語氣、表情、動作，往往能透露真實想法。舉例來說：

◆ 說「價格不錯」時皺眉→可能覺得價格太高
◆ 說「再考慮一下」但身體前傾、眼神停留在產品上→可能只是需要最後的決定性推動

善用「回應式提問」

當顧客說出某些含糊不清的話，業務員可以用開放式問題引導他們進一步表達：

◆ 「您覺得這款產品最吸引您的地方是什麼？」
◆ 「您最擔心的是價格、品質還是售後服務呢？」
◆ 「您希望這款產品能在哪方面更符合您的需求？」

重複確認，確保理解正確

在回應顧客之前，可以先用**複述法**確認顧客的真正意思：

◆ 「您剛剛提到價格，請問是覺得價格偏高，還是希望有更優惠的方案？」
◆ 「您剛才說這款產品不錯，但好像還有其他考量，能和我分享嗎？」

這樣不僅能展現出你的專業度與關心，也能避免誤解顧客的需求。

第六章　非語言銷售心理學：透過微表情與動作提升成交率

聽懂顧客的話中話，才能提升成交率

銷售過程中，顧客的每句話都可能蘊含著未說出口的意思，業務員如果能夠察覺這些弦外之音，就能更精準地回應顧客需求，促成交易。

◆ 透過語氣、表情與肢體語言，判斷顧客的真實想法。
◆ 運用回應式提問，誘導顧客表達潛在需求。
◆ 透過重複確認，確保理解正確，減少誤解。
◆ 適時引導與肯定顧客的選擇，增加產品的吸引力。

當業務員具備這種「讀懂顧客話外之音」的能力，就能更精準地掌握銷售節奏，提高成交成功率！

善用顧客的頭部動作，提升銷售成功率

細微變化透露出購買意願，精準掌握成交時機

在銷售過程中，顧客的語言表達往往會受環境、禮儀或其他因素影響，但身體語言卻是無意識且真實的反應。其中，頭部動作是最能直接反映顧客心理狀態的非語言信號。因此，業務員若能解讀這些細微動作，就能更有效地掌握顧客的真實想法，並及時調整推銷策略，促成交易。

頭部動作的含義與應對方式

頭部動作	可能的心理狀態	應對策略
點頭（緩慢）	顧客對談話內容感興趣，認同你的觀點	繼續深入產品特點，加強優勢說明
點頭（快速）	顧客已感到不耐煩，想結束談話	立即總結關鍵要點，轉向結單
搖頭	不認同業務員的觀點，或內心有疑慮	先確認顧客的顧慮，再提供更具說服力的資訊
邊說邊搖頭	口頭表示認同，但實際上有不同想法（可能是說謊或有顧慮）	進一步詢問顧客的真正想法，不要輕信表面語言
頭部傾斜	顧客正在思考、判斷你的話是否有道理，或已產生興趣	提供數據、案例或客戶見證來加強說服力
低頭	可能是不確定、缺乏信心，或對產品有批判態度	讓顧客參與對話，引導其說出疑慮，並強調產品價值

第六章　非語言銷售心理學：透過微表情與動作提升成交率

案例分析：如何解讀顧客的頭部動作

案例一：點頭的不同含義

場景：

小宇是一家旅行社的業務員，在向企業經理推銷員工旅遊方案時，發現對方頻頻點頭，但同時也偶爾低頭思考。

解讀：

- **點頭（緩慢）**：經理對方案感興趣，願意聽更多細節。
- **低頭思考**：他可能在考慮預算、公司員工需求或其他內部決策。

成功應對：

小宇沒有持續講解，而是在點頭次數達到一定程度後，立刻提出行動建議：「經理，您看這個行程適合貴公司的需求嗎？如果沒問題，我們現在可以確認日期，為貴公司保留優惠名額。」

由於小宇抓準了時機，經理順勢簽約，成功促成交易。

關鍵技巧：

- 當顧客慢速點頭時，適時深入討論，提高興趣度。
- 觀察顧客是否搭配低頭動作，判斷其內心是否仍有顧慮。
- 當點頭頻率加快時，果斷進入成交環節，避免拖延。

案例二：搖頭的潛在訊息

場景：

一名業務員向顧客介紹一款高端咖啡機，顧客一邊聽一邊搖頭，嘴上卻說：「這看起來不錯，我覺得很有吸引力。」

解讀：

◆ 顧客的語言和肢體語言不一致，代表內心仍有顧慮。
◆ 可能是價格太高，但不好意思直接拒絕。

成功應對：

業務員沒有馬上繼續推銷，而是察覺搖頭的意義，主動詢問：「這款咖啡機的設計和功能是否符合您的需求？還是您有其他考量？」

顧客坦承：「其實我覺得價格有點高。」

業務員隨即調整策略，強調這款機器的耐用性和高效能：「確實，這款機器的價值不只是在功能上，還包括使用壽命和咖啡品質的穩定性。而且，我們提供分期付款方案，讓您不用一次性負擔太多費用。」

結果：顧客因價格問題差點放棄購買，但在業務員調整話術後，接受了分期付款方案，成功成交。

關鍵技巧：

◆ 當顧客搖頭時，不要直接相信其口頭認同，應深入詢問背後的真實想法。
◆ 如果是價格因素，可調整話術，提供付款選擇或強調長期價值。

案例三：低頭的心理訊號

場景：

某汽車銷售顧問接待了一位猶豫不決的顧客，當顧客看到一款車時，突然低頭沉思，沒有立即表達看法。

第六章　非語言銷售心理學：透過微表情與動作提升成交率

解讀：

- 顧客可能對這款車感興趣，但仍在權衡其他選項。
- 低頭思考可能表示不確定感，例如擔心預算、性能或適用性。

成功應對：

銷售顧問沒有急於開口，而是耐心等待，並適時給予支持：「這款車的設計確實很吸引人，您覺得哪個部分最符合您的需求？」

顧客抬頭說：「我很喜歡這款車，但我還想比較一下另一款車。」

業務員順勢引導：「這兩款車的性能確實各有特色，我們可以逐一比較，確保您做出最適合的選擇。」

最後，顧客因為業務員的耐心與細心，最終選擇了該款車。

關鍵技巧：

- 低頭代表猶豫，業務員應給予更多資訊來幫助顧客決策，而非催促成交。
- 耐心引導顧客比較選擇，降低決策壓力。

如何提升閱讀顧客頭部動作的能力？

觀察語言與頭部動作的匹配度

- **點頭但猶豫**：可能只是禮貌性的附和，未必是真的認同。
- **搖頭但說「不錯」**：要進一步確認，可能只是不好意思直接拒絕。

透過開放式問題進一步確認

- 當顧客點頭但低頭思考時：「您覺得這款產品最吸引您的地方是什麼？」
- 當顧客搖頭但語氣正面時：「請問您覺得哪個方面還需要進一步考量呢？」

綜合判斷其他身體語言

頭部動作通常與眼神、手勢、語速等因素結合判斷，才能準確了解顧客的真實心理。

精準解讀頭部動作，提升銷售成功率

業務員在銷售過程中，要學會「察顧客頭部動作」，才能準確掌握顧客的真實想法，調整策略來提高成交率。

- 點頭表示認同，但須注意頻率，避免誤判。
- 搖頭可能是潛在抗拒的表現，應適時挖掘顧客真正的顧慮。
- 低頭通常代表猶豫，需透過引導問題幫助顧客決策。
- 頭部傾斜代表思考，這時應提供更多數據或案例來強化說服力。

當業務員能準確讀懂這些「非語言信號」，就能更精確地引導顧客購買決策，讓銷售更上一層樓！

第六章　非語言銷售心理學：透過微表情與動作提升成交率

運用模仿技巧，迅速拉近與顧客的距離

透過同步顧客的肢體語言、語調、用詞，創造自然默契

在銷售過程中，如何讓顧客在短時間內對你產生信任感？這是一個影響交易成敗的關鍵問題。「模仿」正是其中一種高效的方法。當我們不自覺地模仿對方的動作、語氣、表情時，雙方的親近感會不知不覺地提升，這是人類與生俱來的社交本能。

心理學研究發現，人們更容易信任與自己行為相似的人。銷售人員如果能夠有意識地運用這一點，就能在最短的時間內與顧客建立親和感，拉近心理距離，提升成交機率。

為何「模仿」能拉近與顧客的距離？

建立親和力

當我們與對方行為同步時，會讓對方感覺「我們是一類人」，因此更容易對我們產生好感。例如：當你與朋友交談時，對方無意識地模仿你的姿勢、語調，會讓你感覺這個人「懂你」，而這種「認同感」在銷售中至關重要。

增強顧客的安全感

顧客在與業務員初次見面時，往往會懷有戒心。他們會觀察你是否「可信」、「專業」、「友善」。而適當的模仿動作，能讓對方感受到潛意識的同步，降低防備心，營造安全感。

提升顧客的認同感

當你模仿對方的語氣、坐姿、手勢時，顧客會不自覺地認為你們「想法一致」，進而更容易接受你的建議。例如：當顧客對某個產品猶豫不決時，業務員透過同步對方的語氣、節奏來回應，能更有效引導顧客做出購買決定。

如何有效運用「模仿」技巧？

模仿顧客的肢體語言

- **坐姿同步**：如果顧客雙手交叉或雙腿交叉，你可以稍微調整自己的姿勢，使其與對方類似，營造無形的默契感。
- **手勢對應**：當顧客用手勢表達觀點時，你可以適當地用類似的手勢回應，例如點頭、輕拍桌面、輕扶下巴等。
- **身體朝向**：如果顧客稍微前傾，那麼你也可以略微向前，顯示出「專心聆聽」的態度。

調整語氣與說話節奏

- **語速匹配**：如果顧客說話較慢，業務員可以放慢語速，讓對話變得更自然。如果顧客語速較快，則稍微加快自己的語速，以保持節奏一致。
- **音調對應**：當顧客語調較高昂時，可以適當提高自己的語調，表現出相同的興奮感；當顧客語氣較冷靜時，則相應放低語調，顯得穩重而專業。
- **用詞選擇**：觀察顧客的用詞習慣，例如他說「優惠」，你就不要換成「折扣」；他說「這個產品很實用」，你可以回應：「對，這款產品確實很適合日常使用。」

第六章　非語言銷售心理學：透過微表情與動作提升成交率

模仿顧客的情緒

- **對開心的顧客，展現活力**：如果顧客笑著說話，你可以回應微笑並略帶幽默，讓氣氛更輕鬆。
- **對謹慎的顧客，展現穩重**：如果顧客談話時語氣正式且嚴謹，你可以調整自己的語調，顯得專業且有條理。
- **對焦慮的顧客，展現安心**：如果顧客猶豫不決，你可以以平穩、肯定的語氣，幫助他消除疑慮。

案例分析：模仿如何影響銷售結果

案例1：家電銷售員巧用模仿技巧

情境：

一位顧客來到家電店，猶豫是否購買一款智慧冰箱。他站著，雙手抱胸，皺著眉頭，仔細盯著產品規格單。

業務員的應對：

模仿顧客站姿：業務員沒有立即靠近，而是站在適當距離，雙手輕輕交叉，語調穩定地介紹產品，展現出與顧客相似的專注感。

模仿顧客的語速與節奏：當顧客緩慢地問：「這款冰箱的保鮮技術真的能保持食材新鮮嗎？」業務員沒有快速回答，而是稍作停頓，語調沉穩地回應：「是的，這款冰箱的智慧感測系統能夠……」

同步顧客的猶豫情緒：業務員感受到顧客的猶豫，於是說：「如果我是您的話，也會想多了解一下細節，畢竟這是一個長期使用的家電……」這句話讓顧客產生共鳴，減少壓力。

結果：顧客放下戒心，開始更詳細詢問產品細節，最終決定購買。

案例2：模仿幫助保險業務員快速建立信任

情境：

保險業務員小張與一位企業高管客戶見面，這位客戶講話簡潔有力，坐姿挺直，雙手交疊，臉上沒有太多表情。

業務員的應對：

同步客戶的肢體語言：小張也坐得較為挺直，雙手交疊，保持專業而不過於熱情的姿態。

調整語氣與語速：小張觀察到客戶語速偏快，直入主題，因此他省去過多寒暄，用簡潔的語言闡述保險方案的優勢。

適當模仿客戶的詞彙：當客戶說：「我需要一個具備長期穩定性的方案。」小張回應：「確實，長期穩定性是企業財務規劃的重要考量。」透過使用客戶的詞彙，讓對方感覺自己的需求被理解。

結果：客戶因小張的專業度與同步感受，對他產生信任感，進一步討論合作細節。

如何避免「過度模仿」的風險？

不要刻意模仿顧客的所有動作，以免讓對方察覺並感到不適。

模仿的動作應該自然且適量，尤其是語氣與姿勢上的同步，而非刻意複製顧客的每個細節。

避免模仿負面肢體語言，例如顧客皺眉、抱怨時，業務員應以正面的回應來引導氣氛。

第六章　非語言銷售心理學：透過微表情與動作提升成交率

用「模仿」建立信任,讓銷售更容易

透過同步顧客的肢體語言、語調、情緒與詞彙,業務員能夠在短時間內拉近與顧客的距離,消除陌生感,讓銷售過程更加順利。當顧客感受到你與他「有共鳴」,便更容易產生信任,從而提升成交機率。

掌握模仿技巧,不僅能讓你成為一名更有親和力的銷售員,還能讓顧客在不知不覺間喜歡上你的產品與服務!

從顧客服飾判斷購買力，提升銷售精準度

從品牌、材質、搭配風格判斷顧客消費層級，精準推薦商品

在銷售過程中，了解顧客的購買能力至關重要，這不僅能幫助業務員更精準地推薦商品，還能提升成交機率。俗話說「人配衣裳馬配鞍」，服飾不僅能修飾形象，更能從側面反映顧客的經濟能力、品味、愛好和消費習慣。雖然不應該「只認衣服不認人」，但透過服飾來判斷顧客的消費層級，能讓銷售人員更有效地制定推銷策略，提供更合適的商品和服務。

如何從顧客服飾推測購買力

女性服飾的特徵

女性對服飾的重視程度較高，因此可從服裝細節判斷消費能力：

- 高端消費族群：衣著考究，選擇頂級布料（如真絲、羊毛、細緻棉質），品牌包包與服飾風格相互搭配，整體造型精緻。
- 中等收入族群：追求流行款式，品牌辨識度中等，衣著講求 CP 值，搭配實用但不過度奢華。
- 一般消費族群：衣著較樸素，可能選擇平價品牌或通路折扣商品，重視實用性多於時尚感。

第六章　非語言銷售心理學：透過微表情與動作提升成交率

男性服飾的特徵

男性服裝雖然變化不如女性明顯，但仍能從材質、剪裁與品牌細節看出消費能力：

- 高端成功人士：西裝講究剪裁，布料選擇羊毛、純棉或真絲，鞋子以高級皮革為主，風格低調但不失質感。
- 中產階級：衣著簡約但具品牌意識，襯衫、外套可能來自知名品牌，風格偏向舒適與實用。
- 一般消費者：穿著偏向休閒，品牌辨識度低，以價格與耐穿性為主要考量。

除了服飾，還能從哪些細節判斷購買力

鞋子顯示消費能力

鞋子的選擇往往比衣服更能反映經濟狀況，因為鞋子不像服裝容易透過折扣或促銷獲得高端品牌。

- 皮鞋保養良好、品牌高級，顯示出顧客的經濟實力與對細節的重視。
- 運動鞋或休閒鞋為主，代表顧客重視舒適性，消費習慣較為務實。
- 穿著老舊或廉價鞋款，可能代表對消費講求節省，購買能力有限。

配件與飾品的價值

- 名牌手錶，如勞力士、卡地亞，顯示出顧客的高消費能力，這類顧客通常對品質與品牌忠誠度較高。
- 名牌包包或皮件，如 LV、Chanel、Gucci，顯示對時尚與品味的追求，願意為品牌溢價支付高額費用。

- 簡約但高質感的飾品，如純金、鑽石、珍珠，通常代表消費能力不低，但風格低調內斂。
- 配件過度浮誇或使用高仿品，可能需要進一步判斷其實際購買力。

案例：業務員觀察細節，簽下大額訂單

某次，廣告業務員小媛在美髮店注意到一位中年男子，雖然外貌普通，但穿著高級品牌服飾，且店員對其態度恭敬，稱呼「徐總」。小媛主動與其攀談，發現對方公司正有廣告需求，便適時介紹自己的服務，最終成功簽下 250 萬元的訂單。

成功關鍵點：

- 透過服飾判斷顧客的消費能力，沒有因外貌低調而忽略商機。
- 主動與顧客建立連結，適時提出專業建議。
- 觀察環境細節，發現顧客的影響力，進一步推動交易成功。

如何根據顧客的購買力制定銷售策略

面對高端客戶：主動提供高級選項

- 優先推薦高價值商品，如奢侈品牌、客製化服務或高端體驗方案。
- 強調產品的品質與品牌故事，滿足顧客對獨特性與品味的需求。
- 避免過度熱情或討好，保持專業態度，讓顧客感受到尊重。

面對中產階級：提供 CP 值高的選擇

- 推薦具有高 CP 值的產品，如市場熱銷款或品牌經典款。
- 強調產品的實用性與耐用度，滿足顧客對投資報酬率的要求。

- 提供額外優惠與附加價值,如組合優惠或延長保固,提高吸引力。

面對一般消費者:強調價格與實惠

- 強調價格優勢與促銷活動,讓顧客感覺「物超所值」。
- 避免推薦超出預算的商品,以免給顧客帶來壓力。
- 提供分期付款或折扣方案,降低購買門檻。

避免「以貌取人」的迷思

- 不要單憑衣著判斷顧客的實際財力,有些低調穿著的人可能財力雄厚。
- 不要因顧客穿著樸素就冷落對方,保持專業態度,提供相同水準的服務。
- 避免直接評論顧客的穿搭,以免造成不必要的誤會或反感。

從細節觀察顧客,精準推銷

觀察顧客服飾並非為了「以貌取人」,而是為了更好地理解顧客的消費習慣與購買力,從而推薦最適合的商品。當業務員能夠結合衣著、鞋子、配件等資訊,進一步洞察顧客心理,銷售策略就能更具針對性,成交率自然提升。

透過顧客的眼神，解讀內心真實想法

在銷售過程中，眼神比語言更能透露顧客的真實想法。人可以控制說話的內容，但很難掩飾眼神傳遞的情緒與態度。作為業務員，學會解讀顧客的眼神，能讓你更精準地把握談話節奏，提高成交率。

觀察顧客眼神的重要性

眼睛被譽為「心靈之窗」，因為瞳孔的變化幾乎不受意識控制，能真實反映一個人的情緒波動。當顧客的言語與眼神不一致時，通常應以眼神為準，這有助於銷售人員判斷對方是否真正感興趣，是否需要調整銷售策略。

常見眼神表達的含義

直接注視 —— 顧客的關注焦點

目光接觸時間長短，決定了顧客對你的態度。

- **持續正視**：顧客對你的話題感興趣，願意聆聽，可能有較高的購買意願。
- **目光短暫接觸後轉移**：可能對你的商品或說法感到好奇，但仍在評估，不願輕易表態。
- **長時間直視且眉頭微皺**：可能代表懷疑，對你的說法抱有質疑態度，需要進一步的說明與佐證。

第六章　非語言銷售心理學：透過微表情與動作提升成交率

- **快速轉移視線**：顧客可能對你的話題不感興趣，或已經做好決定（可能是拒絕）。

斜視 —— 不確定或不信任

斜視是一種內心矛盾的表現，可能代表興趣、懷疑或不信任。

- **斜視且嘴角上揚或微笑**：可能對你的話題感興趣，但還在思考。這時候可以適時提出進一步的產品優勢，讓顧客更具信心。
- **斜視且眉毛下壓、嘴角下拉**：表示懷疑或不信任，可能覺得你的話有誇大成分，或不相信你的專業度。這時候應該多舉實例，強調產品的可靠性與價值。
- **斜視且雙手交叉抱胸**：明顯的防禦姿態，顯示顧客可能不想繼續交談，需要改變話題或找到更貼近顧客需求的切入點。

眨眼頻率 —— 決定顧客的態度

眨眼是一種潛意識的反應，透過頻率變化，可以觀察顧客是否專注於你的話題。

- **快速眨眼**：表示焦慮、緊張，可能對價格或產品有顧慮，擔心自己的決定是否正確。這時應該進一步提供保障，如試用、退貨政策等，降低顧客的決策壓力。
- **慢速眨眼或延長間隔**：顧客可能對你的說法不以為然，甚至帶有輕視意味，這時應該強調產品的價值或改變溝通方式，以提升對方的興趣。
- **正常頻率的眨眼且保持目光接觸**：表示顧客正在認真聆聽，對話內容具有吸引力，這時可以趁機強化購買誘因。

眼神搭配其他肢體語言的解讀

當顧客的眼神與其他動作配合時,能更準確地判斷內心想法。

- **眼神專注且身體前傾**:強烈的購買意願,表示對產品感興趣,應該趁機強化產品優勢。
- **目光游離且身體後仰**:顯示顧客處於防備狀態,可能不信任你的說法,應該適當降低銷售壓力,營造更舒適的談話氛圍。
- **低頭看地且眉頭微皺**:可能對價格或其他條件有所猶豫,這時候可以提供不同方案,讓顧客有更多選擇的空間。
- **雙手撫摸下巴且目光專注**:這通常是決策前的思考動作,顧客可能正在衡量是否購買,這時候適時提供最後的推動因素,如「這是最後一批庫存」或「這款產品有優惠活動」等,促進成交。

案例應用:透過眼神掌握顧客心理

案例一:銷售人員成功掌握顧客興趣

某位業務員向顧客介紹一款新型按摩椅,顧客最初眼神游移,顯示出防備心理。但當業務員提到這款按摩椅具有「醫療級舒壓功能」時,顧客的眼神突然專注,甚至微微點頭,顯示出興趣。這時候業務員立即補充「這款按摩椅還獲得醫學認證,適合長期使用」,顧客最終被說服,當場購買。

案例二:察覺顧客猶豫,成功促成交易

某顧客在試戴高級手錶時,眼神一直停留在錶盤上,並且不時眨眼,顯示內心有猶豫。銷售人員察覺後,補充說明「這款手錶是限量款,且價值隨時間增長」,進一步強化顧客的購買動機,最終促成交易。

第六章　非語言銷售心理學：透過微表情與動作提升成交率

讀懂顧客的眼神，提高銷售成功率

銷售過程中，觀察顧客的眼神能夠提供最直接的心理線索，幫助業務員調整策略，提升成交率。當業務員能敏銳地察覺顧客的視線變化，適時調整話術與推銷方式，銷售將變得更加精準且具影響力。

透過手勢解讀顧客的真實想法

在銷售過程中，顧客的言語未必總是真實的，但身體語言，特別是手勢，往往能透露內心最真實的想法。許多業務員在與顧客交談時，只關注對方的話語，而忽略了他們的手部動作，導致被誤導甚至無法有效推進銷售。學會解讀顧客的手勢，將有助於識破謊言，提高成交率。

常見手勢及其心理含義

用手遮住嘴巴 —— 內心有所隱瞞

當人們說謊時，往往會下意識地用手遮住嘴巴，這是一種試圖掩飾真相的行為。有些顧客在撒謊時，可能會假裝咳嗽來掩飾這個動作。當業務員發現顧客有這種手勢時，就要提高警覺，可能對方的話並非完全可信，需要進一步探詢。

摸鼻子 —— 懷疑或即將撒謊

某些顧客在說話時，會輕微地觸摸鼻子或快速摩擦幾下，這是因為撒謊會導致鼻腔內的毛細血管擴張，使鼻子產生輕微癢感。這種手勢通常表示顧客對自己的話沒有信心，甚至準備說謊。

揉眼睛 —— 試圖逃避或掩飾真相

當人們不想看到某些事物時，往往會用手揉眼睛，而成人則表現為輕輕摩擦眼角或下眼瞼。如果顧客在與你交談時頻繁揉眼睛，很可能是不想聽到某些內容，或是在掩飾事實。這時應改變溝通策略，降低顧客的壓力，讓對方更願意說出內心真實的想法。

第六章　非語言銷售心理學：透過微表情與動作提升成交率

抓耳朵 —— 對談話內容感到焦慮

抓耳朵的動作通常代表緊張或焦慮，有些顧客在聽到不願接受的資訊時，會不自覺地拉扯或揉搓耳朵，這是一種「堵住耳朵」的象徵，表示他們已經聽夠了，甚至可能準備敷衍回應。如果你發現顧客有這種動作，不妨改變話題，或者詢問對方的真實想法，以確保溝通順暢。

抓脖子 —— 內心矛盾或說謊

這一手勢通常表現為用食指輕輕抓脖子側面、耳垂下方的區域，根據心理學家的研究，人們通常會連續抓撓五下。這種行為代表著疑惑、不確定，甚至是撒謊。當你發現顧客一邊說話一邊抓脖子時，要仔細觀察他說話的內容，可能有與真相不符的地方。

拉衣領 —— 撒謊導致的不適感

研究顯示，撒謊時，人的面部和頸部神經會變得敏感，導致輕微的刺癢感。因此，當顧客說話時突然拉扯衣領或用手搧風，可能是因為內心不安，試圖透過這種動作來減少不適。如果你觀察到這個手勢，可以試著進一步詢問：「請您再確認一下，這是您真正的需求嗎？」透過開放式問題，讓對方有機會修正或補充自己的答案。

手指放在嘴唇之間 —— 尋求安全感

當人們感到不安或內心有掙扎時，可能會無意識地用手指觸碰嘴唇，例如咬筆、咬眼鏡架、咀嚼口香糖等，這些行為都反映了內心的猶豫或膽怯。如果顧客出現這些動作，銷售人員應該提供更多保障性的資訊，例如產品試用期、退貨政策等，以降低對方的購買壓力。

如何應對顧客的謊言與防備心理？

保持耐心,避免直接拆穿

觀察到顧客撒謊時,不要立即指出,這樣可能會讓對方產生防禦心理,導致談話破裂。應該透過委婉的方式,例如重複問題或提供新的資訊,讓顧客自行修正說詞。

使用開放式問題,引導對方說真話

如果顧客表現出猶豫或不確定,可以問:「您看起來好像有些顧慮,能告訴我您的擔憂嗎?」這樣能讓對方更容易表達內心的真正想法。

提供數據與實例,提高可信度

如果顧客在懷疑產品或價格,可以用具體的數據、成功案例來佐證自己的說法,降低顧客的防備心理。

適時轉換話題,讓顧客放鬆

當顧客顯露不安或焦慮的手勢時,可以適當轉移話題,談論輕鬆的話題,讓對方減少壓力,從而更容易說出真實的想法。

透過手勢洞察顧客心理,提高銷售效率

在銷售過程中,顧客的手勢往往透露了他們內心的真實想法,遠比言語更具參考價值。業務員應該時刻關注顧客的手勢變化,結合語氣、表情、談話內容,綜合判斷對方的心理狀態,從而調整溝通策略,提高成交機率。

第六章　非語言銷售心理學：透過微表情與動作提升成交率

第七章
面對顧客的疑慮與抱怨,
你的回應決定成交結果

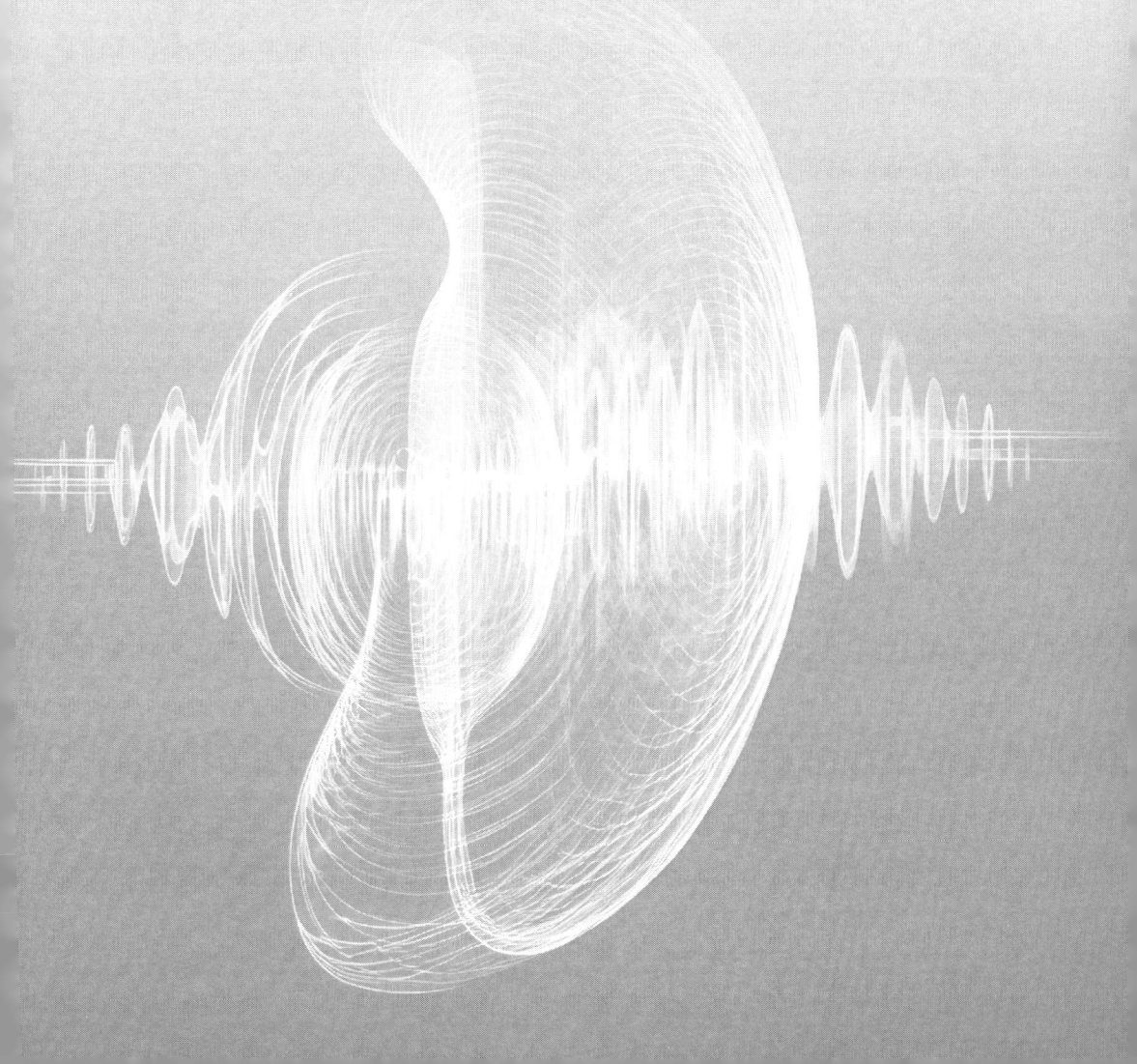

第七章　面對顧客的疑慮與抱怨，你的回應決定成交結果

書面承諾的心理學

在日常生活與商業活動中，言語往往容易被遺忘或否認，而「書面承諾」則具有不可忽視的約束力。一旦將某件事寫下來，不僅能強化人們的責任感，還能有效減少反悔的機會。這種心理機制在銷售與管理中，能夠幫助業務員提升業績，甚至影響顧客的決策行為。

書面承諾如何影響行為？

內在壓力：保持言行一致

心理學研究顯示，人們都有維持自我形象一致的需求。如果他們已經在紙上寫下承諾，就會產生內在壓力，促使自己去履行這個承諾，否則會感到內心不安。例如：一位業務員要求顧客填寫一份「購買意向書」，即便這只是簡單的幾行字，也能讓顧客在接下來的購買決策中，更傾向於完成交易，而非臨時反悔。

外在壓力：害怕失信於他人

除了內在的自我要求，書面承諾還帶來了外在的約束力。當一個人公開承諾某件事，他會受到社會壓力，害怕別人認為自己言而無信。例如：當企業要求員工寫下業績目標並公佈於辦公室公告欄時，每個人都會更加努力達成目標，以免被同事或上級認為沒有執行力。

銷售管理中的書面承諾應用

提高業務員的目標執行力

許多成功的企業都要求業務員在每個季度開始時,寫下自己的銷售目標,並提交給管理層存檔。這種做法能夠有效提高員工的責任心,因為他們不僅向公司做出了承諾,也向自己承諾了努力方向。當業務員每天看到自己親筆寫下的目標時,就會更有動力去完成。

降低顧客的退貨率

有些品牌發現,在退貨政策寬鬆的情況下,顧客很容易在購買後產生悔意,進而要求退款。為了解決這個問題,部分公司開始要求顧客在購買時親自填寫合約,而非由銷售人員代填,結果退貨率顯著下降。這是因為顧客在親筆寫下「我確認購買此產品」時,心理上已經進一步強化了自己的決定,使他們更不願意反悔。

促使顧客對品牌產生認同感

一個有趣的行銷案例是某家化妝品公司舉辦的徵文比賽,主題是「你為什麼喜歡這個品牌?」參賽者無需購買產品即可參加,而獎金誘人,因此吸引了大量消費者投稿。然而,這不只是普通的市場推廣活動,而是一種心理暗示策略:當人們在文章中寫下「我喜歡這個品牌,因為……」時,他們的大腦會開始相信這是真的,並在日後購物時更傾向於選擇這個品牌。

類似的行銷策略,也廣泛應用於食品、家電、服飾等行業。企業透過讓顧客書寫評論或參與問卷調查,不僅能蒐集市場資訊,還能在潛意識中強化顧客對品牌的偏好,從而影響未來的購買行為。

第七章　面對顧客的疑慮與抱怨，你的回應決定成交結果

如何將書面承諾應用於銷售場景？

讓顧客寫下對產品的正面評價

當顧客猶豫不決時，可以請他們填寫一份簡單的評價表，例如：「您認為這款產品最吸引您的地方是什麼？」當顧客親自寫下「設計精美」「價格合理」等字眼時，他們的購買動機將進一步被強化，最終更可能選擇購買。

讓顧客填寫「購買計畫書」

如果顧客還沒準備立即購買，可以讓他們填寫一張「購買計畫書」，內容可以是：「我計劃在 × 月 × 日購買此產品」。即便這不是正式合約，但一旦顧客寫下來，他們的心理就會偏向於履行這一承諾。

訂單填寫由顧客親自完成

許多企業已經採用這一策略，讓顧客自己填寫訂單資訊，而不是由業務員代填。當顧客自己動筆時，他們的承諾感會更強，也更難以反悔。這個小改變能有效降低「衝動購買後退貨」的機率。

透過社交媒體放大書面承諾的影響力

現代消費者習慣在社交媒體上分享購物經驗，企業可以鼓勵顧客發文寫下購買心得，或參與品牌挑戰活動。例如：「寫下你對我們產品的第一印象，並在社交平臺上標記我們，即可參加抽獎。」這種方式不僅能夠加深顧客對品牌的認同，也能促進口碑行銷。

讓書面承諾成為銷售助力

「寫下來的東西，會產生神奇的力量。」無論是提升業務員的目標執行力，還是降低顧客的退貨率，甚至影響品牌認同感，書面承諾都能發揮強大的心理作用。

銷售人員在與顧客互動時，應該靈活運用這一策略，例如鼓勵顧客填寫購買意向書、提供書面評價、讓顧客自行填寫訂單等，從而強化購買決策，最終促成成交。

第七章　面對顧客的疑慮與抱怨，你的回應決定成交結果

將顧客視為朋友，建立信任促成交易

不強迫、不操控，透過價值創造達成共識與合作

在銷售的過程中，業務員與顧客的關係並非對立，而應該是互利共贏的。許多成功的銷售並不是來自於強勢推銷，而是來自於與顧客建立起信任關係，使顧客願意敞開心扉，最終選擇購買。成功的業務員不僅僅是銷售商品，更是在幫助顧客解決問題，提供價值，讓自己成為顧客信賴的夥伴。

友好互動：從陌生人變成朋友

先解決顧客的需求，而不是急於推銷

許多業務員進入銷售場景時，第一反應是如何讓顧客接受自己的產品，而非理解顧客的真正需求。事實上，真正的銷售是以顧客為中心的，應該首先了解對方的困擾，再提供相應的解決方案。例如：當一位農戶對自動化養雞設備抱持懷疑時，直接推銷設備可能適得其反，但若是先與對方建立信任，了解對方的養殖經驗，並分享一些業界的新趨勢與成功案例，顧客的接受度將大幅提高。

利用「內行話」建立親近感

顧客更傾向於信任與自己有共同語言的人。業務員可以透過學習顧客的行業術語、熟悉顧客關心的問題來建立共同話題。例如：在向餐飲業者

推銷設備時，若業務員能夠談論食品成本控制、烹調效率等專業話題，顧客會覺得對方「懂行」，願意進一步交流。

設身處地，展現誠意

當顧客感受到業務員的真誠，會更願意傾聽對方的建議。與其急於強調產品的優勢，不如站在顧客的角度，了解他們的擔憂。例如：一位開餐廳的老闆擔心新設備的成本過高，業務員可以說：「我了解您的擔憂，其實很多餐飲業者最初也有相同的顧慮，但透過這款設備，他們在半年內降低了食材浪費，實現了成本回收。」這樣的說法比單純強調設備功能更有說服力。

如何透過建立友誼促進成交？

營造輕鬆的對話氛圍

當顧客覺得業務員是「來幫助我」而不是「來推銷給我」時，成交的機率會大幅提升。許多頂級銷售人員在與顧客互動時，並不會急於談論產品，而是先聊天、建立關係。例如：一位汽車銷售員如果在推銷前先與顧客聊聊駕駛習慣、用車需求，甚至分享自己對某些車款的喜好，顧客會更容易產生好感，進而願意傾聽對方的建議。

讓顧客參與決策過程

當顧客覺得自己擁有「選擇權」，他們更容易做出購買決定。業務員可以這樣引導：「這兩款型號都有不同的優勢，一款功能較齊全，適合多種應用，另一款則是價格更親民，您覺得哪一款更符合您的需求？」這種方式讓顧客覺得自己是決策的主導者，而不是被業務員強迫購買。

第七章　面對顧客的疑慮與抱怨，你的回應決定成交結果

提供價值而非單純推銷

優秀的業務員懂得提供附加價值，而不是只著眼於銷售。例如：一家銷售咖啡機的公司，不僅提供設備，還會附贈「咖啡製作培訓課程」，讓顧客感受到額外的好處，進一步增強購買意願。

案例分享：透過建立信任成功推銷

一位業務員負責推銷企業管理軟體，他發現一家中小企業的老闆對於採購新系統非常猶豫，擔心軟體操作太複雜、員工不適應。於是，這位業務員並未直接推銷，而是邀請老闆參加一場企業數位轉型的免費研討會，讓對方了解到如何透過數位工具提升效率。結果，這位老闆不僅改變了看法，還主動要求試用軟體，最終簽下了合約。

這個案例的關鍵在於：業務員沒有急於推銷，而是先幫助顧客解決疑慮，提供價值，進而建立信任，最終促成交易。

避免敵對關係，打造雙贏合作

有些業務員在面對顧客時，會不自覺地進入「對抗模式」，試圖透過談判技巧讓自己獲得最大利益，這樣的方式可能短期有效，但長期來看，卻會影響客戶關係。

避免斤斤計較，著眼長遠關係

有時，業務員可能會因為小利而失去大單。例如：一家文具供應商原本與某家公司簽有長期合約，但業務員卻因為對方要求小額折扣而拒絕讓步，最終導致這家公司的採購部門轉向競爭對手，失去了一個穩定的客戶。若業務員能夠展現靈活性，給予適度優惠，這段合作關係或許能夠延續數年。

培養長期合作關係

許多企業都逐漸從「單次銷售模式」轉向「顧客終身價值模式」。這意味著，業務員不應該只關注單次成交，而是思考如何建立長期合作。例如：一家家電銷售商不只是賣出一臺冰箱，而是提供延長保固、定期維護等增值服務，讓顧客願意在未來繼續光顧。

讓顧客成為你的「推薦者」

當顧客認為業務員是真心為他們著想，而非只是想賺錢，他們會更願意推薦朋友或同事來購買。例如：某汽車銷售員在賣車後，會主動詢問顧客是否願意參加「車友俱樂部」，透過社群互動，讓顧客成為品牌的忠實粉絲，進一步推動口碑行銷。

銷售不是競爭，而是合作

真正成功的業務員，不只是推銷產品，而是幫助顧客解決問題，讓顧客覺得自己受到了尊重與關懷。透過建立信任、提供價值、長遠規劃，業務員不僅能提升業績，還能建立持久的客戶關係，確保生意源源不絕。

當顧客把業務員視為朋友，而不是單純的推銷者，交易自然會水到渠成。

第七章　面對顧客的疑慮與抱怨，你的回應決定成交結果

承諾的力量：
如何利用承諾影響行為與決策

> 從日常生活到商業決策，
> 承諾如何驅動行動與責任感

在日常生活和商業世界中，承諾對人們的行為具有強大的約束力。一旦個人做出承諾，他們往往會努力兌現，以維護自身的信用、形象和一致性。這種心理機制不僅適用於個人，也廣泛應用於市場行銷、銷售策略與企業管理。

> 承諾如何影響行為

承諾帶來內在驅動

當一個人公開承諾某件事，他就會受到內心的推動去履行這一承諾，以維持言行一致的形象。例如：當一名業務員與顧客互動時，若能讓對方做出小範圍的承諾（如：「我覺得這個產品真的很有吸引力。」），那麼顧客將更容易進一步採取行動，如試用或購買該產品。

承諾產生社會壓力

承諾一旦公開，便會受到來自外部的約束。人們不僅希望維護自尊，也不希望被他人視為不可靠。因此，當某人向他人承諾某事時，即使後來想改變主意，也會因為外界的期待而選擇履行承諾。

承諾強化行為模式

心理學研究表明,一旦人們對某個決定做出承諾,他們會強化這一行為,甚至在遇到困難時也不輕易改變。例如:當顧客填寫某份調查,表達自己對環保產品的支持,那麼未來當他們選擇購買商品時,將更可能購買環保相關產品,以維持自我形象的連貫性。

商業與行銷中的承諾策略

書面承諾的威力

研究顯示,當人們將承諾寫下來時,其約束力比口頭承諾更強。例如:許多企業會讓客戶填寫一份「預購確認書」,即使這不是正式合約,但客戶已經承諾了購買,這大幅增加了他們未來真正購買的可能性。

許多銷售員會在洽談後,請顧客簽署一份「試用承諾」,即承諾試用一款產品數日。這樣,即便顧客當下沒有購買,但透過書面承諾,他們將更有可能最終選擇該產品。

先讓顧客做出小承諾

「登門檻效應」(Foot-in-the-door effect)是一種心理學現象,指的是當一個人先接受一個小請求後,更有可能接受一個更大的請求。例如:一家健身房先邀請顧客參加免費體驗課程,當顧客承諾會參加體驗課後,他們更可能在體驗後報名正式會員。

讓承諾公開化

社會壓力是一種強大的影響力。許多企業會舉辦公開活動,讓顧客公開表達對品牌的支持。例如:

第七章　面對顧客的疑慮與抱怨，你的回應決定成交結果

- 參與企業的公益活動，並簽署「環保承諾書」，承諾支持環保品牌。
- 社群媒體上的「購買承諾」，如在購物網站上按下「我想要這個產品」，這種行為讓顧客在心理上產生購買傾向。

讓承諾變成顧客的個人形象

人們往往希望與自己過去的承諾保持一致。例如：當顧客被問到：「您是否認為自己是個關心健康的人？」如果他們回答「是」，那麼在選擇食品時，他們更可能選擇有機食品。企業可透過這種方式來影響顧客的消費選擇。

案例分析：如何利用承諾提升銷售

案例1：玩具商的承諾策略

有一家玩具公司在春節期間大量投放廣告，吸引家長和孩子的注意，當需求達到高峰時，卻故意製造「缺貨」的現象，並告知家長：「新貨到時會通知您。」由於家長已經向孩子承諾會購買這款玩具，因此即使春節過後，當新貨到貨時，家長仍然會購買，成功延續了產品銷售週期。

案例2：慈善募捐中的承諾應用

研究顯示，如果在募捐前，志工先詢問：「您今天過得如何？」並獲得「很好」的回應，接著再請求捐款時，人們更有可能捐款。這是因為當人們表達自己過得不錯時，心理上更傾向於樂於助人，避免與自己的話語不一致。

案例3：企業內部的績效管理

有些企業會要求員工在年初寫下年度目標，並公開貼在辦公區域。這不僅增加了員工的動力，還能讓員工感受到來自同儕的監督壓力，進而提升執行力。

如何在銷售過程中有效運用承諾

- **讓顧客做出初步承諾**：可以先請顧客試用產品，或請他們表達對產品的興趣，這樣他們會更傾向於最終購買。
- **請顧客書面承諾**：在訂購前，請顧客填寫一份簡單的表單，這樣即使沒有正式付款，心理上也會傾向履行承諾。
- **建立社會壓力**：透過顧客推薦機制，讓現有顧客推薦產品，增加新顧客的信任度。
- **公開化承諾**：在社群媒體上讓顧客參與品牌活動，增加承諾的約束力。
- **利用顧客的自我形象**：詢問顧客對某個價值觀（如環保、健康、科技感）的認同，並讓產品與該價值觀連結，使他們更願意購買。

利用承諾提升銷售與影響力

　　承諾不僅僅是一種道德約束，更是一種強大的心理機制，影響人們的行為選擇。在銷售與行銷中，業務員若能夠善用承諾的力量，讓顧客在心理上與品牌產生連結，便能提高成交率，並建立更長久的顧客關係。無論是在日常溝通、銷售推廣還是企業管理中，巧妙運用承諾策略，都能創造更大的價值與影響力。

第七章　面對顧客的疑慮與抱怨，你的回應決定成交結果

承諾心理學：讓顧客主動說「是」的關鍵技巧

掌握承諾與一致性原則，讓成交變得更順理成章

承諾是一種強大的心理約束力，一旦人們做出承諾，他們通常會努力履行，以維護自身形象，避免被視為言行不一的人。在銷售與人際互動中，如何讓客戶心甘情願地做出承諾，並進一步促成交易，是一門值得深入探討的心理學技巧。

承諾的心理機制

承諾與一致性

根據心理學家羅伯特・西奧迪尼（Robert Cialdini）提出的「承諾與一致性原則」，當一個人做出承諾後，他會自覺地維持與承諾一致的行為。這是因為：

- **自我形象管理**：人們希望自己被視為言行一致的人。
- **內在驅動力**：承諾會讓人產生內在動機去執行承諾的行動。
- **社會壓力**：當承諾公開化後，人們更難違背承諾，以避免失信於他人。

讓承諾變得更具影響力

並非所有承諾都能成功驅動行為，以下幾種方式能夠讓承諾更具約束力：

- **公開承諾**：讓客戶在朋友、家人或社群媒體上表達他們的選擇，能強化承諾的影響力。
- **書面承諾**：讓客戶寫下自己的承諾，如填寫預購表、試用回饋單等，會增加承諾的執行力。
- **行動承諾**：當客戶親自參與某項活動，例如試用產品、參加體驗課，他們會更容易履行後續的購買行為。

如何讓客戶心甘情願地做出承諾

讓客戶產生「內在認同」

讓客戶自行說出產品的優點，比業務員直接推銷更具說服力。可以透過提問的方式，讓客戶自行表達對產品的認可：

- 「這款產品的設計是不是很符合您的需求？」
- 「您覺得這款手機最吸引您的地方是什麼？」

當客戶自己說出產品的優勢時，他們會更加堅定自己的購買決定。

讓客戶做出「小承諾」，再引導至大承諾

「登門檻效應」指出，人們一旦接受了小請求，就更容易接受後續更大的請求。例如：

- 先讓客戶試用產品：「您可以免費試用 7 天，看看效果如何。」
- 讓客戶加入會員：「您願意先成為我們的 VIP 會員，享受專屬優惠嗎？」

當客戶接受小請求後，他們更可能進一步購買產品，因為他們已經將自己歸類為「對該產品有興趣的人」。

第七章　面對顧客的疑慮與抱怨，你的回應決定成交結果

強化客戶的購買信念

當客戶對產品產生興趣時，業務員應該提供更多資訊來加強其購買決心。例如：

- **社會認同**：「這款產品在我們店裡銷量很好，許多客戶都選擇了它。」
- **產品獨特性**：「這是限量款，目前庫存不多，錯過就買不到了。」
- **個人化推薦**：「根據您的需求，這款產品是最適合您的選擇。」

讓客戶「付出成本」，增加承諾的價值

當客戶投入一定的時間、精力或金錢後，他們會更容易履行承諾。例如：

- **填寫報名表**：若客戶參與體驗課程，讓他們先填寫報名表，能提升參與率。
- **支付少額訂金**：例如「您只需支付 500 元的訂金，這款商品我們就為您保留。」當客戶支付訂金後，會更傾向於完成購買。

給予客戶適當的選擇權

如果業務員強迫客戶承諾，反而會引發反感。相反，讓客戶在不同選項中自行選擇，會讓他們感到尊重，並更容易履行承諾。例如：

- 「您希望選擇紅色還是黑色？」
- 「這款適合日常使用，而這款適合商務場合，您覺得哪一款比較適合您？」

案例分析：如何讓客戶心甘情願做出承諾

案例1：二手車銷售

一位客戶想買一輛二手車，但覺得價格有點貴。業務員小王沒有急於推銷，而是：

- **提供選擇權**：「這款車的性能比較穩定，而這款車則在價格上更優惠，您比較偏好哪一種？」
- **讓客戶試駕**：「不如您先試駕看看，親自感受一下這款車的駕駛體驗。」
- **書面承諾**：「如果您真的喜歡這輛車，我們可以先填寫購買意向書，確保您能以最優惠的價格購入。」

最終，客戶因為試駕體驗和書面承諾，決定購買這輛車。

案例2：健身房會員招募

一家健身房希望提高新會員的報名率，於是：

- **邀請客戶參加免費體驗課程**：「您可以先來體驗一堂課，看看適不適合您。」
- **讓客戶簽下「健康計畫表」**：讓客戶寫下自己的健康目標，例如：「我希望三個月內減重5公斤。」
- **提供限時優惠**：「如果您今天報名，能享受8折優惠，這樣您可以更輕鬆地實現您的健身目標。」

結果，許多客戶因為簽下健康計畫表後，內心產生了履行承諾的動力，最終報名成為正式會員。

第七章　面對顧客的疑慮與抱怨，你的回應決定成交結果

讓承諾成為推動行動的關鍵

　　承諾是一種強大的心理影響力，能夠促使人們自願履行行動。業務員若能掌握承諾的運用技巧，讓客戶在無壓力的情況下自然地做出承諾，將大幅提高成交率。同時，誠信經營、提供真實價值，才能讓客戶長期信任，形成穩固的合作關係。

　　真正的銷售不只是推銷產品，而是與客戶建立互信關係，讓他們發自內心地相信自己選擇了最適合的產品，並願意心甘情願地履行購買承諾。

站在顧客這一邊,獲得的更多

在銷售過程中,許多業務員的核心目標是獲取最大利益。然而,若是為了短期收益而忽視顧客的需求或利益,最終可能導致顧客的信任流失,甚至影響長遠發展。成功的業務員往往能夠站在顧客的立場,幫助他們解決問題,建立長期合作關係,從而獲得更多的商業機會。

以顧客為中心,銷售才能長久

短期交易 vs. 長期合作

有些業務員認為,銷售就是單純地推銷產品,但真正優秀的銷售人員明白:「銷售不只是賣東西,而是建立關係」。當業務員能夠以長期合作為目標,與顧客建立深厚的信任關係,銷售將變得更容易,甚至顧客會主動推薦更多客戶。

先幫顧客省錢,後賺自己的錢

許多業務員擔心,若不強調獲利,自己會吃虧。然而,當業務員幫助顧客找到最具成本效益的方案時,顧客不僅會更願意購買,還可能成為忠實客戶。長期來看,這種策略能為業務員帶來更穩定的收益。

案例:業務員阿奇的成功銷售

阿奇是一名以顧客為導向的業務員,並不以短期收益為目標,而是時刻考慮如何真正幫助顧客。

有一天,他接到一位來自外地的顧客來電,對方希望購買特定數量的

第七章　面對顧客的疑慮與抱怨，你的回應決定成交結果

機械設備。阿奇在了解顧客需求後，發現對方的配置並不合理，若按照要求採購，成本會高於必要支出。雖然這筆訂單數額龐大，阿奇仍決定誠實地向對方建議降低機器數量，選擇更合適的型號，以節省成本。

一開始，顧客對此建議持懷疑態度，認為自己的計算方式更為精確。為了進一步證明自己的觀點，阿奇與工程團隊合作，提供了一份詳細的技術報告，證明了最佳採購方案。這份報告發送後，顧客暫時沒有回應。

然而，幾天後，這位顧客親自來到阿奇的公司，表示自己諮詢過內行人士，確認阿奇的建議是最優方案。他不僅當場簽約，還決定讓阿奇的公司成為長期供應商，為未來的合作奠定基礎。

啟示：

阿奇沒有急於成交，而是站在顧客立場，幫助對方降低成本，最終贏得了長期合作機會。這不僅提升了顧客滿意度，也為公司創造了更多價值。

如何真正做到「站在顧客這一邊」

了解顧客的真實需求

業務員需要深入了解顧客的真正需求，而不只是關注銷售額。例如：

- **詢問顧客的使用場景**：「您主要是在哪種環境下使用這款設備？」
- **了解顧客的痛點**：「您目前遇到的最大挑戰是什麼？」

透過這些問題，業務員可以更準確地推薦適合的產品，而不是單純推銷價格更高的選項。

提供有價值的建議

顧客通常希望業務員不只是賣產品,而是能提供有價值的資訊。例如:

- 建議最具 CP 值的解決方案,而不是價格最高的產品。
- 告知市場趨勢,幫助顧客做出更明智的決策。
- 主動分享成功案例,讓顧客更有信心。

主動幫助顧客節省成本

若業務員能夠幫助顧客節約成本,顧客會更信任你的專業能力。例如:

- 建議購買更合適的產品規格,而非更昂貴的選項。
- 提醒顧客選擇維護成本較低的產品,降低長期支出。
- 提供分期付款或折扣選項,減少顧客的財務負擔。

在銷售後仍維持良好關係

許多業務員在成交後就不再與顧客保持聯絡,但真正成功的業務員會持續提供服務,例如:

- **定期跟進使用情況**:「這款設備運作還順利嗎?有沒有遇到問題?」
- **提供附加價值**:「我們最近推出了新的操作指南,能讓您的使用體驗更順暢。」

這樣的關懷不僅能提升顧客滿意度,還能促成更多的回購與推薦。

第七章　面對顧客的疑慮與抱怨，你的回應決定成交結果

成功銷售的核心：共贏策略

　　銷售並不是一場零和遊戲，而是一個雙贏的過程。當業務員能夠真正站在顧客的立場，提供有價值的解決方案，而不是單純為了銷售產品，顧客自然會更願意與之合作。最終，這樣的銷售方式不僅能讓顧客受益，也能讓業務員獲得更長久的成功。

　　銷售的最高境界，不是「讓顧客買」，而是「讓顧客相信你，並願意與你長期合作」。

以顧客為中心：銷售長久成功的關鍵

短期交易帶來收益，長期合作才能真正創造價值

在銷售中，業務員如果能與顧客產生情感共鳴，將能大幅拉近心理距離，提升顧客的購買意願。當顧客感受到業務員的理解與認同，就更容易做出購買決策。因此，成功的業務不只是推銷產品，而是營造情感連結，讓顧客在感受共鳴的同時，自然而然地選擇你的商品。

情感共鳴的本質與影響

何謂「共鳴」？

在心理學中，「共鳴」指的是兩個人之間在思想、情感、價值觀上產生的強烈感應狀態。當業務員能夠與顧客建立這種情感上的連結時，銷售便不再是單純的商品交易，而是一種互信互惠的關係。

為何共鳴能提升銷售成功率？

- **減少顧客的戒心**：顧客購買前通常會有所防備，擔心被推銷，但當他感覺到與業務員有共同點時，信任感自然提升。
- **增加購買的心理安全感**：如果顧客覺得業務員真正理解他、關心他的需求，就更容易相信推薦的產品是適合自己的。
- **提升購買決策的信心**：當顧客感受到業務員與自己站在同一陣線，會更有信心做出購買決策。

第七章　面對顧客的疑慮與抱怨，你的回應決定成交結果

如何與顧客建立情感共鳴？

找出顧客的興趣點

顧客通常會對自己熟悉或感興趣的話題產生共鳴，因此業務員可以透過以下方式尋找共同點：

- **觀察顧客的行為與語氣**：例如：當顧客對某款產品露出興奮表情時，業務員可以強調該產品的獨特之處，並分享自己或其他顧客的使用心得。
- **詢問顧客的需求與興趣**：開場時可透過輕鬆的話題切入，如「您平常喜歡什麼樣的風格？」、「您之前有使用過類似的產品嗎？」讓顧客覺得自己受到關注。

利用「愛屋及烏」心理效應

當顧客對某一方面產生好感時，他往往會將這份好感延伸到與之相關的事物。業務員可運用這一心理效應，藉由建立良好關係來增強對商品的接受度。例如：

- 如果顧客對某個品牌有好感，可以強調該品牌的歷史、理念或社會責任感，進一步增強顧客的認同感。
- 當顧客對業務員產生好感時，會更願意接受其推薦的商品，因此業務員應保持親和力與專業度。

創造情感共鳴的話題

分享個人經歷或故事

業務員可以談談自己或其他客戶的真實使用體驗，例如：「我自己也在用這款產品，剛開始覺得沒什麼特別，但用了之後真的覺得很方便！」這樣能讓顧客感覺業務員並非只是單純推銷，而是分享真心推薦。

談論顧客的需求與困擾

例如：如果顧客正在尋找一款高效能的筆電，業務員可以說：「其實我之前也遇到過一樣的問題，後來發現這款型號特別適合需要多工處理的人。」

運用幽默或情感元素

幽默的對話或溫暖的互動能讓顧客更願意與業務員溝通。例如：「這款產品的設計師一定是個懶人，因為它真的太方便了，完全不需要花時間維護！」

透過「情境模擬」讓顧客感同身受

成功的銷售通常能讓顧客在心中模擬使用場景，例如：

- 「想像一下，當您帶著這款輕便相機去旅行時，會不會覺得特別方便？」
- 「如果您的孩子能夠透過這本書養成閱讀習慣，對他的成長一定會很有幫助，對吧？」

當顧客能夠想像產品為自己帶來的便利與快樂，購買意願將大幅提升。

成功案例：情感共鳴的影響力

全家「Let's Café」的情感行銷

臺灣的超商競爭激烈，尤其在咖啡市場，消費者選擇多元，品牌很難單靠價格或品質取勝。然而，全家便利商店旗下的 Let's Café 卻成功透過情感行銷策略，打造出深具溫度的品牌形象。

第七章　面對顧客的疑慮與抱怨，你的回應決定成交結果

溫暖陪伴的品牌形象

全家便利商店推出「手沖職人」計畫，讓店員接受專業咖啡培訓，提供客製化的手沖咖啡。除了提升產品品質，品牌更強調「每一杯咖啡都有人情味」，讓消費者不只是購買咖啡，而是感受到 Let's Café 帶來的陪伴感。

此外，在母親節，全家推出「寫給媽媽的咖啡杯」活動，讓顧客能夠透過客製化紙杯，把對母親的感謝寫在咖啡杯上，送給媽媽一杯暖心的咖啡。這項活動引發了大量消費者共鳴，不少人拍照分享到社群媒體，讓品牌的溫暖形象更加深植人心。

啟示：

- **創造情感連結，提升品牌吸引力**：品牌不只是賣商品，而是傳遞一種情感，例如陪伴、關懷或感謝。
- **透過故事性行銷引發共鳴**：不只是強調產品功能，而是讓消費者在使用時能夠與自身經驗產生聯結，例如「送咖啡給媽媽」的行動，讓顧客將品牌與親情連結在一起。
- **讓顧客「感受」品牌價值**：當顧客對品牌產生情感依附時，忠誠度自然提高，品牌也能在競爭激烈的市場中脫穎而出。

Let's Café 的成功不僅來自於產品本身，更來自於品牌帶給消費者的情感體驗，這正是情感行銷的最佳實踐。

如何運用共鳴來提升購買信心？

建立真誠的連結

顧客最討厭的是「制式化」的推銷，業務員應以真誠的態度與顧客互動。例如：「我很理解您的需求，因為我自己也有類似的經驗，所以特別推薦這款產品給您。」

分享相似經驗

當顧客猶豫時，可以透過過去的成功案例來安撫他的疑慮。例如：「前幾天有位顧客跟您一樣，擔心這款手機的續航力不夠，但他使用後發現根本不用擔心這個問題。」

營造歸屬感

透過品牌故事或社群文化讓顧客覺得「這款產品是為我設計的」。例如：「很多愛戶外運動的人都選擇這款鞋，因為它能提供絕佳的舒適度。」

銷售的本質，是與顧客共鳴

在現今競爭激烈的市場中，單靠產品本身已不足以打動顧客，業務員需要透過情感共鳴來提升顧客的購買信心。當顧客認為業務員真正理解他的需求，並與他站在同一陣線，他將更願意信任業務員的推薦，最終做出購買決策。

與顧客產生共鳴，能讓銷售變得更自然、更有效，也能讓顧客更心甘情願地購買。

第七章　面對顧客的疑慮與抱怨，你的回應決定成交結果

處理顧客抱怨的黃金法則：讓不滿變忠誠

掌握顧客抱怨的原因與應對技巧，建立長期信任

在銷售過程中，顧客的抱怨無可避免，關鍵在於業務員如何妥善處理，使其轉化為正面的體驗。顧客的抱怨通常源自期望未被滿足，可能涉及產品品質、服務態度、價格或售後問題。如果業務員能夠耐心傾聽、迅速應對，並提供合理的解決方案，不僅能降低顧客的不滿，還能贏得長期信任，甚至將抱怨的顧客轉變為忠實顧客。

顧客抱怨的主要來源

產品品質與性能問題

產品與廣告描述不符、使用體驗不佳、品質低於預期等。

服務態度與購物體驗

業務員缺乏耐心、不願提供協助，或對顧客需求漠不關心。

價格與價值感不符

顧客覺得價格過高，或發現類似產品有更優惠的選擇。

售後服務不完善

退換貨流程繁瑣、保固條件不清、客服回應不及時等。

如何有效處理顧客抱怨

先傾聽，讓顧客表達不滿

當顧客抱怨時，業務員不應該急於辯解，而是要讓顧客充分表達不滿，以示尊重。例如：

◆ 「請問您遇到什麼問題呢？我很願意為您提供協助。」
◆ 「能否請您詳細描述一下，以便我們更好地幫助您解決？」

避免打斷顧客或否認問題，如：「我們的產品沒問題，其他顧客都很滿意。」這樣的回應會讓顧客感到被忽視，甚至更加憤怒。

表達理解與同理心

顧客抱怨的背後通常是對產品或服務的期待未被滿足，業務員應適時表達理解，讓顧客感受到尊重。例如：

◆ 「我完全理解您的感受，換作是我，也會覺得不太滿意。」
◆ 「我們很抱歉讓您有這樣的體驗，請放心，我們會盡快幫您解決。」

這樣的回應能有效降低顧客的不滿情緒，並讓後續溝通更加順暢。

提供解決方案

業務員應根據實際情況，提出可行的解決方案。例如：

◆ **產品問題**：「我們可以為您更換新品，或者安排維修，您希望哪種方式比較適合？」
◆ **服務問題**：「我們會將您的建議反饋給主管，未來一定會改進，您對此有其他建議嗎？」

第七章　面對顧客的疑慮與抱怨，你的回應決定成交結果

◆ **價格爭議**：「如果您對價格有所顧慮，我們可以提供分期付款或搭配優惠方案。」

顧客希望看到的是積極的解決方案，而不是業務員推卸責任或拖延處理時間。

迅速行動，減少等待時間

拖延問題處理只會加劇顧客的不滿，因此業務員應該儘快執行解決方案。例如：

◆ 立即聯絡相關部門協助處理退換貨
◆ 當場提供補償方案，避免顧客二次抱怨
◆ 若需進一步確認，明確告知顧客回覆時間，例如：「我們將在24小時內與您聯絡，確保問題獲得解決。」

跟進處理結果，確保顧客滿意

即使問題已解決，業務員仍應主動聯絡顧客，確認他們是否滿意。例如：

「您好，請問我們的解決方案是否符合您的期望？如果還有其他需求，請隨時告訴我們。」

這樣的關懷能讓顧客感受到企業的誠意，也有助於建立長期合作關係。

案例：服飾店的客戶服務

顧客佳琳預訂了一件韓版毛衣，但取貨時發現顏色較圖片略淺，並質疑做工品質。業務員莉莉沒有急於否認，而是耐心解釋：

- 先表達歉意,並強調產品品質與其他款式相同。
- 提供解決方案,如幫助整理線頭,使衣服更整潔。
- 鼓勵顧客下次來店,保證幫她挑選更符合需求的款式。

結果,佳琳不僅接受了毛衣,還成為店內的常客,甚至推薦朋友來購買。

啟示:耐心處理顧客的抱怨,不僅能挽回客戶,還能建立長期的客戶關係。

處理顧客抱怨的常見錯誤

否認問題:「這是正常現象,不影響使用。」

承認問題並尋求解決:「我們很抱歉造成您的困擾,我們來看看怎麼解決。」

與顧客爭論:「我們產品很好,可能是您誤會了。」

耐心傾聽並表示理解:「我了解您的擔憂,我們會盡力讓您滿意。」

拖延處理:「我現在很忙,晚點再回覆您。」

立即採取行動:「我現在為您查詢,並儘快給您回覆。」

將抱怨視為改進機會

- 「峰終定律」(Peak-End Rule):顧客最終的感受取決於「最強烈的情緒」和「最後的體驗」,所以處理抱怨時務必要讓顧客在結束時感受到正面關懷。
- 「確認偏誤」(Confirmation Bias):顧客如果帶著負面情緒來抱怨,他們會更傾向於尋找證據證明自己是對的,因此業務員的耐心與理解顯得格外重要。

第七章　面對顧客的疑慮與抱怨，你的回應決定成交結果

　　顧客的抱怨不一定是壞事，反而是改進產品與服務的寶貴機會。如果業務員能夠耐心處理，並提供有效的解決方案，這些曾經抱怨的顧客甚至會成為最忠誠的顧客，並自願幫助品牌做口碑宣傳。

　　關鍵原則：

- 傾聽顧客需求，避免打斷或否認問題
- 表達理解與同理心，降低顧客情緒
- 提供具體可行的解決方案，讓顧客安心
- 迅速行動，減少顧客等待時間
- 跟進處理結果，確保顧客滿意度

　　業務員應以積極、真誠的態度應對顧客抱怨，這不僅能維護品牌形象，也能提升顧客對產品和服務的信賴感。

顧客不信任？
破解心理障礙，提升銷售轉化

透過試用、數據、售後保障，讓顧客買得安心

在銷售過程中，顧客對業務員通常抱有一定程度的不信任，他們擔心所獲得的資訊可能誇大其詞，甚至帶有欺騙性。因此，消除顧客的疑慮，建立信任，成為業務員成功銷售的重要關鍵。

顧客為何心存顧慮？

過去的不良購物經驗

曾買過劣質產品，或曾被業務員誤導，導致心理防備。

媒體報導的負面案例

例如產品安全隱患、價格欺騙、售後服務不完善等。

擔心產品價值不符

害怕花冤枉錢，擔心產品實際效能不如預期。

害怕做錯決定

懷疑自己的選擇，擔心被他人嘲笑或評價。

缺乏對品牌或業務員的信心

不了解產品特性，對品牌和銷售人員缺乏信任感。

第七章　面對顧客的疑慮與抱怨，你的回應決定成交結果

如何消除顧客的顧慮？

展現專業與自信

顧客通常會信任知識豐富且有自信的業務員。如果業務員本身都顯得猶豫不決或缺乏信心，顧客更不可能放心購買。因此：

- 充分了解產品特性與優勢，能夠流暢回答顧客的疑問。
- 運用數據、實例來支持說明，例如「這款產品在市場上的回購率高達90%」。
- 以穩重、誠懇的語氣與顧客溝通，讓顧客感到可靠。

示範對話：

顧客：「這款發電機的溫度好像很高，會不會有安全問題？」

業務員：「您的疑慮很合理。其實，依據電器安全標準，發電機正常運轉時的溫度可以比室溫高72度，例如您的廠房溫度是30度，那麼發電機表面的最高溫可能會達到102度。這與熱水的溫度類似，但仍在安全範圍內，且設備有保護機制，您不用擔心燙傷問題。」

同理顧客的疑慮

顧客的顧慮往往來自於擔心自身利益受損，業務員應該先表達理解，再給予安心保證。例如：

- 「我完全理解您的擔憂，畢竟購買這樣的設備需要慎重考慮。」
- 「如果我是您，也會希望確保產品的穩定性與安全性。」

當顧客感受到業務員的理解，信任感便會增加。

提供試用機會

對於無法立即消除的顧慮,提供「試用機會」是一種有效策略。讓顧客親自體驗,消除對產品性能的疑慮。例如:

◆ 提供免費試用期:「您可以先試用一週,如果不滿意,我們會全額退款。」
◆ 示範操作與體驗:「我們可以現場展示產品運作,讓您親自感受效果。」

示範對話:

顧客:「這款軟體真的適合我的需求嗎?我怕買了之後用不上。」

業務員:「您的顧慮很合理,軟體畢竟是長期使用的工具。我們提供免費試用,您可以先安裝體驗,確保它符合您的需求後再決定是否購買,這樣比較安心,對吧?」

強調保障與售後服務

提供強而有力的保證,能大幅減少顧客的購買風險。例如:

◆ 「我們提供一年保固,期間內有任何問題都可以免費維修或更換。」
◆ 「這款產品符合國際安全標準,並且通過第三方機構檢測。」

透過明確的承諾,讓顧客感受到企業對品質的保障。

引用成功案例與顧客見證

社會認同(Social Proof)是影響顧客決策的重要因素,業務員可以分享其他顧客的成功案例,例如:

◆ 「我們的產品目前已經被多家企業採用,並獲得高度好評。」

第七章　面對顧客的疑慮與抱怨，你的回應決定成交結果

◆ 「您可以看看這些顧客的評價，他們之前也有類似顧慮，但使用後都非常滿意。」

這樣的資訊能幫助顧客增強信心。

成功案例：破解顧客疑慮

案例1：發電機的溫度疑慮

情境：某位顧客因擔心發電機溫度過高而拒絕繼續合作。

解決方法：

先認同顧客的擔憂：「您的顧慮很合理，如果發電機真的太燙，確實會影響使用體驗。」

提供科學解釋：「根據標準，發電機的溫度會比環境溫度高72度，這仍屬於安全範圍。」

引導顧客得出結論：「當您的廠房溫度是30度時，發電機表面最高溫可能為102度，這類似於熱水溫度，但不會對操作人員造成傷害。」

結果：顧客接受了解釋，恢復信心，並追加訂單200臺。

案例2：軟體購買決策的猶豫

情境：顧客因不確定軟體功能是否符合需求，而猶豫不決。

解決方法：

理解顧客心理：「您的擔憂很合理，畢竟選擇合適的軟體很重要。」

提供試用機會：「我們提供免費試用，您可以先體驗功能，確保符合需求後再購買。」

引導顧客行動：「這樣一來，您不會有任何風險，可以放心決定。」

結果：顧客接受試用，使用後確信產品符合需求，並正式購買。

消除顧客顧慮，建立長期信任

顧客的購買決策往往受到心理因素影響，業務員若能耐心傾聽、同理顧客需求，並提供具體的解決方案，就能幫助顧客放下疑慮，安心購買。

關鍵原則：

- 專業知識與自信表現：熟悉產品特性，讓顧客感受到可靠性。
- 理解顧客心理：認同顧客的顧慮，並站在他們的立場思考問題。
- 提供試用與保證：減少顧客的決策風險，讓他們有信心購買。
- 引用成功案例：透過過往顧客的經驗，建立社會認同感。
- 清楚表達售後服務：讓顧客知道購買後仍能獲得完善支持。

業務員如果能夠消除顧客的顧慮，不僅能提升成交率，更能建立長久的信任關係，確保穩定的客戶群與銷售成長。

第七章　面對顧客的疑慮與抱怨，你的回應決定成交結果

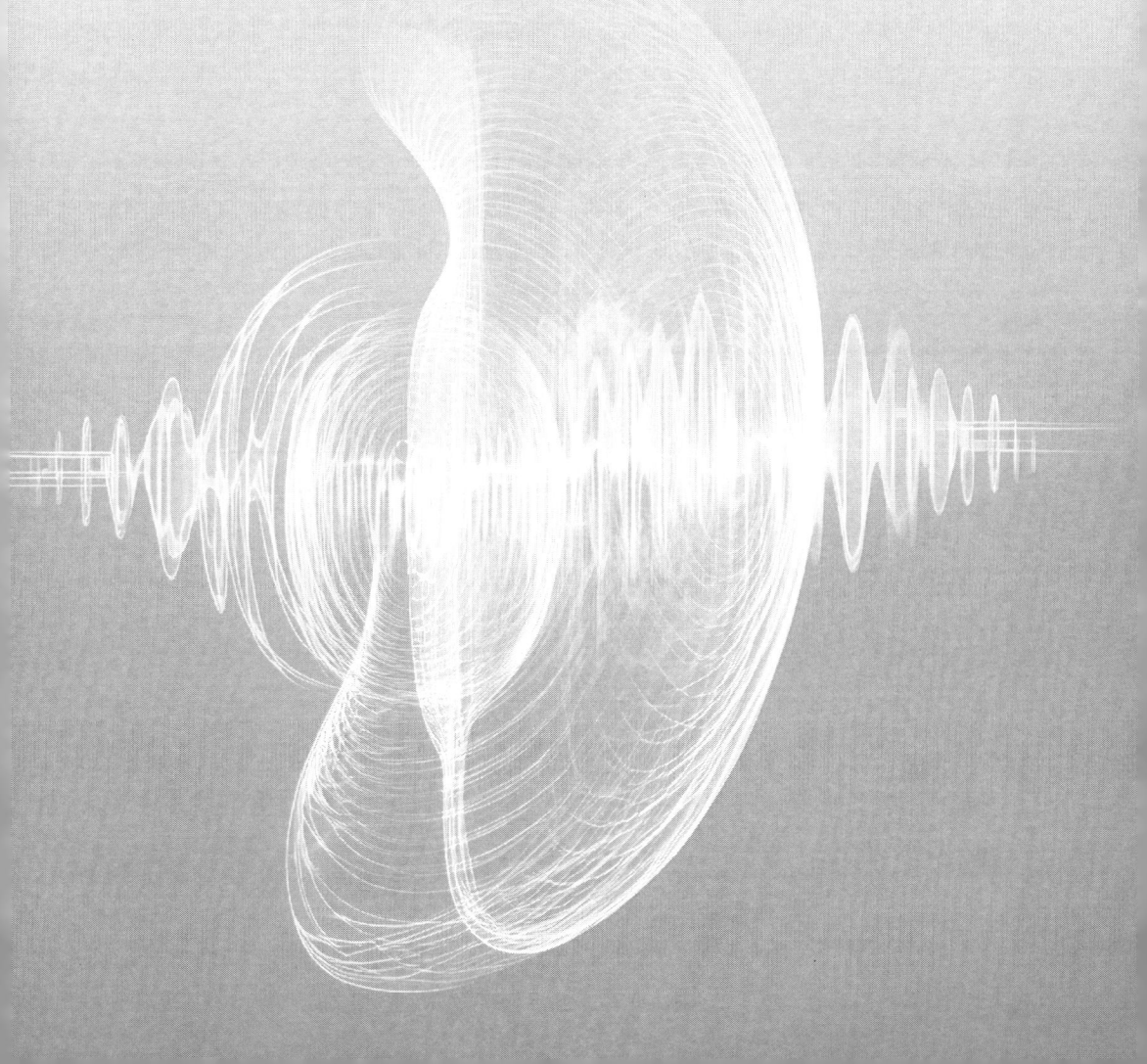

第八章
會說話的人不一定會賣東西，但會聆聽的人一定能成交！

第八章　會說話的人不一定會賣東西，但會聆聽的人一定能成交！

學會讓顧客暢所欲言，掌握真實需求

善於傾聽客戶內心的聲音

在與人溝通的過程中，表達往往是以自我為中心，而傾聽則是以對方為中心，展現對他人的尊重與重視。許多時候，傾聽比表達更為重要，因為它能有效促進溝通，使對話真正產生價值。

溝通離不開說，更離不開聽。如果雙方都急於表達自己的觀點，卻沒有人認真傾聽，那麼交流將變得無效，甚至可能引發誤解與矛盾。因此，學會傾聽，並讓對方感受到被重視，能夠極大地提升溝通效果，這在業務員與客戶的互動中尤為關鍵。

傾聽的重要性

每個人都渴望被理解，特別是在遇到困難或做出購買決策時，他們希望有人能夠聽取自己的需求與顧慮。業務員如果能夠真正傾聽客戶的聲音，將能夠建立更深層的信任感，進而提高銷售成功的機率。

知名業務員喬‧吉拉德曾因缺乏傾聽而失去一筆交易。一位客戶原本已經準備簽約，但在最後關頭反悔了。當吉拉德詢問原因時，客戶回答：「你沒有聽我說話。在我準備簽約前，我提到我的獨生子即將上大學，並分享了他的成績與抱負。我為他感到驕傲，但你當時沒有任何反應，甚至還轉身去接電話，這讓我感到被忽視，所以我改變了主意。」

這段經歷讓吉拉德深刻認識到傾聽的重要性。他明白，業務員的工作不僅僅是推銷產品，更應該是建立關係、理解客戶需求，才能真正獲得對方的信任與合作。

傾聽的技巧

保持專注與耐心 在與客戶交談時，應該專心聆聽，而不是急於回應或打斷對方的話。眼神交流、點頭示意、適時的短語回應（如「我理解您的想法」）都能讓對方感受到你的關注。

避免分心 當客戶說話時，不要一邊聽一邊做其他事情，例如看手機、處理文件或心不在焉地思考其他問題。這會讓客戶覺得你並不真正關心他的需求，從而影響信任感。

適時重述與確認 為了確保理解無誤，可以適時重述客戶的話。例如：「如果我沒理解錯的話，您的主要顧慮是……對嗎？」這不僅能讓客戶感受到被理解，也能幫助業務員精準回應。

觀察客戶的非語言訊息 除了聽取語言內容，還要注意客戶的肢體語言、表情變化與語氣，這些往往能透露出比語言更深層的情緒與需求。

同理心回應 即使無法立刻滿足客戶的所有需求，也應該以同理心回應，讓客戶知道你理解他的感受。例如：「我可以理解您的擔憂，我們可以一起討論最適合您的解決方案。」

傾聽的實際應用

某知名企業的業務員小陳在推銷企業管理軟體時，遇到了一位猶豫不決的客戶。客戶對該軟體感興趣，但又擔心員工的適應能力與培訓成本。

第八章　會說話的人不一定會賣東西，但會聆聽的人一定能成交！

小陳沒有急於推銷，而是耐心聆聽，並詢問：「您認為目前使用的系統最大的不便是什麼？」在深入了解客戶的真正需求後，他提供了一套試用計畫，讓企業員工在購買前先行體驗，最終成功促成交易。

> 總結

　　傾聽是銷售中最重要的技巧之一，它不僅能幫助業務員了解客戶的需求，還能建立信任，提升成交機率。有效的傾聽需要專注、耐心、適時確認與同理心回應。當業務員能夠真正站在客戶的角度思考問題，並給予對方足夠的尊重，銷售的成功率自然會大幅提升。因此，學會傾聽，不只是銷售的關鍵，更是建立長期客戶關係的基石。

銷售高手的祕密：
說得少，聽得多，成交率更高！

讓對方感受到被理解與尊重

傾聽比說服更重要

美國知名行銷專家博恩‧崔西曾說：「銷售並不是讓業務員不停地講述自己的產品或公司，而是要學會用心聆聽，讓顧客主動告訴你他們的需求與問題，從中調整你的銷售策略。」

一般人對業務人員的刻板印象，常認為他們必須口若懸河、巧言善辯，唯有如此才能成功說服顧客購買產品。但在現實中，真正優秀的銷售員絕非僅靠良好的口才，他們更懂得何時該保持安靜，將主導權讓給顧客，透過傾聽理解顧客真正的需求。

優秀業務員的真實能力

因此，銷售的本質並非一味地向顧客灌輸產品資訊，而是透過細心的聆聽，掌握顧客的需求後再適時調整溝通策略，達到讓顧客自願接受產品的目的。換句話說，懂得何時該說話與何時該沉默，是頂尖業務員最核心的能力之一。

第八章　會說話的人不一定會賣東西,但會聆聽的人一定能成交!

傾聽勝於滔滔不絕

在銷售中,適當的沉默是一種強大的銷售技巧。它能夠創造出更多的對話空間,讓客戶暢所欲言,使業務員能夠更準確地掌握客戶的需求,從而提供更貼合需求的解決方案。

案例一:傾聽帶來的信任與成交

在臺灣的壽險業界,有一位知名業務員李先生,以「傾聽勝於推銷」的理念創造了驚人的成交紀錄。他曾經遇到一位剛喪偶的母親,這位母親因丈夫突然離世而陷入憂慮,不確定未來如何支撐家庭開支。

當時,李先生並沒有急著推銷,而是靜靜地聆聽,讓這位母親表達內心的悲傷與擔憂。期間,他只偶爾點頭回應,並在適當時機給予安慰,而非馬上談論保險的優勢。當這位母親訴說完後,他才輕聲說:「妳希望孩子的未來能夠無憂吧?」這句話觸動了母親的心,她開始詢問有關教育基金與保障方案,最終,她決定為孩子們購買保險,確保他們能夠擁有穩定的未來。

啟示:

- **傾聽勝於說話**:真正關心客戶的需求,而非急於推銷產品,才能贏得信任。
- **耐心建立情感連結**:當客戶感受到你的理解與關懷時,他們更願意接受你的建議。
- **適時給予建議,而非強硬銷售**:讓客戶自己思考與決定,會比強硬推銷更具說服力。

這個案例顯示，真正的銷售並非話術多寡，而是透過真誠的關懷，讓客戶在情感上產生共鳴與信賴，從而促成成交。

沉默的力量

讓客戶主導談話，提高信任感

當業務員能夠保持沉默，讓客戶自由表達時，客戶會感受到自己的意見受到重視，從而對業務員產生信任。這種信任有助於促成交易，因為客戶更願意與值得信賴的業務員合作。

給自己時間思考，準確回應

如果業務員一直不停地講話，可能會忽略客戶的真實需求。適當的沉默可以讓業務員有更多的時間思考客戶的談話內容，從而準確地回應並提出更具針對性的建議。

案例二：耐心傾聽創造銷售機會

王先生是一名剛進入家電銷售業的新手業務員，某天被指派到一位據說「最難搞」的客戶家中推銷高端空氣清淨機。這位客戶是一名退休老師，據說對產品有非常高的要求，而且話多又愛挑剔，許多業務員都因為無法應對他的問題而失敗。

王先生並沒有一開始就急著介紹產品，而是耐心傾聽客戶分享自己的生活經歷，從教書的點滴到對現代科技的看法。他微笑點頭，偶爾簡單回應，沒有插話，更沒有急著推銷。

大約一個多小時後，這位退休老師突然停下來，問王先生：「年輕人，你怎麼不講話？」王先生笑著回應：「老師，我只是想先多了解您的需求，這樣才能幫您推薦真正適合的產品。」這句話讓老師感受到被尊重，他立

第八章　會說話的人不一定會賣東西，但會聆聽的人一定能成交！

刻產生好感，於是問道：「那你覺得哪款最適合我？」最終，他不但購買了最頂級的空氣清淨機，還另外加購了一臺給自己的兒子。

啟示：

- **耐心傾聽比急於推銷更有力量**：當客戶感受到尊重與關懷時，會更願意接受你的建議。
- **銷售不只是產品，而是建立信任**：客戶通常願意跟讓他們感覺舒服的業務員做生意，而非只會滔滔不絕推銷的銷售員。
- **適時給予專業建議，而非強行推銷**：當客戶主動詢問時，給出真誠的建議，更能促成成交。

這個案例顯示，真正的銷售並不是話術競賽，而是學會用耐心與聆聽贏得客戶的心，進而創造銷售機會。

如何正確運用沉默？

真誠聆聽，適時回應

當客戶說話時，業務員應該專注聆聽，不時透過點頭、眼神交流或簡單的回應（如：「是的」、「我明白您的意思」）來表示關注，這樣能夠鼓勵客戶繼續談話，也讓他感受到被尊重。

不要急於插話或糾正客戶

即使客戶的觀點與業務員的專業意見不符，也不要急於打斷或糾正。耐心讓客戶表達完後，再尋找適當時機提出自己的觀點，這樣更能增加說服力。

在適當時機提問，引導客戶思考

當客戶說完自己的需求或顧慮時，業務員可以運用開放式問題來引導對話，例如：「您對這類產品最看重的是哪一個特點？」或者「您是否希望我們能提供更具體的解決方案？」這樣可以幫助客戶更清楚地表達自己的需求，同時也能讓業務員更有針對性地提供服務。

如何讓客戶主動說出購買理由

優秀的業務員不只是擅長說話，更要善於傾聽與沉默。在客戶滔滔不絕時，業務員應當學會閉嘴，讓客戶充分表達自己的需求與想法。這不僅能夠提高客戶的信任感，也能讓業務員更準確地掌握銷售時機，最終促成交易。因此，在銷售中，適時的沉默並非無作為，而是一種高效的策略。

第八章　會說話的人不一定會賣東西，但會聆聽的人一定能成交！

內在動機與銷售成功：如何讓客戶主動購買？

當交易帶來快樂，客戶才會毫不猶豫地選擇你

人們從事某種行為，最根本的內在動機來自於內心的滿足感。如果一件事無法帶來快樂與滿足，而是令人感到痛苦、厭煩或束縛，那麼人們自然不願意去做，甚至會想要逃避。相反，如果某件事能夠帶來成就感、利益或其他正向回饋，就能激發動機，讓人投入其中。

行為動機與內心滿足感

例如：當我們試圖勸小孩改正錯誤、說服朋友戒除不良習慣，或者幫助學生克服膽怯時，都必須讓他們意識到「正確的行為會讓人愉悅，而錯誤的行為則帶來痛苦」。唯有當他們內心真正認同這點，並從中獲得滿足感，改變才會持續發生。

案例：吸菸者的覺醒

有一位吸菸成癮的人，他嘗試戒菸多次，但始終無法成功，每當想要放棄時，他總能替自己找出理由，說服自己繼續抽菸。無論是家人朋友的勸說，還是戒菸計畫，都未能改變他的習慣。

直到有一天，他在心理醫生的建議下，親眼看到兩張肺部的對比圖片——一張是健康的肺，另一張則是因吸菸導致病變、覆滿焦油的肺。他深受震撼，內心對吸菸產生了強烈的厭惡感，也意識到不抽菸才是對自

己真正有益的行為。從那一刻起,他不再需要依靠意志力去「強迫」自己戒菸,而是自然而然地拒絕香菸,因為他的內心已經不再接受這種行為。

這個案例說明了一個關鍵點:**當人們發自內心認同某種行為能帶來滿足,而另一種行為則導致痛苦時,他們才會主動選擇改變。**

內心滿足感與銷售動機

對於業務員來說,如何激發自己的工作動機,以及如何調動客戶的購買動機,都是至關重要的課題。

激發業務員的內在動機 銷售是一項充滿挑戰的工作,常常需要面對拒絕與挫折。如果業務員對這份工作產生負面感受,缺乏滿足感與成就感,就容易失去熱情。然而,如果能從銷售過程中體驗到樂趣,例如幫助客戶解決問題、獲得成就感,或者享受突破困難的刺激感,那麼這份內在滿足感就會轉化為強烈的工作動機。

激發客戶的購買動機 業務員要讓客戶產生購買欲望,關鍵在於**讓他們從購買行為中獲得內心滿足感**。這可能是來自於商品帶來的實際利益、省錢、便利性,或是心理層面的滿足,例如提升自信、獲得尊重、迎合個人價值觀等。

案例:兩位業務員的不同銷售策略

兩位業務員甲與乙,分別向同一位客戶推銷產品:

甲的銷售方式

甲進門後,便開始滔滔不絕地介紹產品,強調自己的產品如何暢銷、多麼受市場歡迎,並且功能強大。但客戶的反應冷淡,最後以「這產品不適合我」為由,拒絕了購買。

第八章　會說話的人不一定會賣東西，但會聆聽的人一定能成交！

乙的銷售方式

乙進門後，並未立即提及產品，而是先與客戶閒聊，建立信任，甚至與客戶的孩子互動，使客戶感到放鬆與愉快。當談到產品時，乙並未急於銷售，而是先詢問客戶的需求，並分析產品如何滿足客戶的特定需求，例如能幫助他節省成本、提高效率等。最後，乙沒有強迫推銷，而是告知客戶，公司即將推出一款更符合需求的產品，建議他可以稍作等待。

當乙第二次造訪時，客戶對他印象深刻，並欣然接受了乙的推薦，成功成交。

為何乙成功，而甲失敗？

- 甲只顧著**推銷產品**，卻沒有滿足客戶的心理需求，因此無法激發購買欲望。
- 乙則專注於**讓客戶獲得內在滿足感**，無論是愉快的交談、為客戶省錢，還是幫助客戶做出更好的購買決策，都讓客戶在整個購買過程中感到舒適，最終促成交易。

業務員如何善用內心滿足感來驅動銷售？

塑造「購買等於獲得好處」的心理聯結

告訴客戶購買你的產品能帶來哪些實質上的利益（省錢、省時、提高效率等）。

強調購買能讓他們獲得哪些心理滿足感（安全感、優越感、自信等）。

降低客戶的顧慮與痛點

針對客戶可能的擔憂（例如價格、品質、售後服務），提供明確的解決方案，讓客戶感到放心。

透過試用、保證期、見證案例等方式，減少購買的不確定性，讓客戶更容易做決定。

創造正向的購買體驗

讓客戶的購物過程愉快，例如透過良好的互動、真誠的建議、貼心的服務，讓客戶感覺自己受到重視。

讓客戶感受到購買後的價值，例如提供額外的專業建議，讓他知道這筆交易是值得的。

結論

人們的行為動機，來自於內心的滿足感。業務員若想成功，不僅要激發自己的工作熱情，還要懂得如何讓客戶從購買行為中獲得愉悅與價值感。當客戶真正認為購買你的產品是一種值得的選擇時，他們才會毫不猶豫地主動掏錢。而這，正是銷售的最高境界。

第八章　會說話的人不一定會賣東西，但會聆聽的人一定能成交！

銷售心理學：
如何讓客戶愛上你的產品？

銷售不只是介紹功能，而是創造價值

在現實生活中，我們常見有人挑食，對自己喜歡的食物就胃口大開，而對不喜歡的則敬而遠之。這種現象不僅發生在飲食習慣上，也同樣適用於工作與生活中的選擇。當人們對某件事產生興趣與熱情時，便會積極投入，努力追求卓越；相反，若對其毫無興趣，則往往敷衍了事，缺乏動力。

這正是一個「動機」的問題──喜歡某件事，會促使人們自發地投入更多精力，而缺乏興趣則會導致被動應付。因此，對於業務員來說，無論是自己對工作的態度，還是客戶對產品的認同感，讓「喜歡」成為動力的關鍵，才能激發積極性，推動銷售順利進行。

工作與熱情的關聯

工作是個人施展才能的舞臺，也是實現自我價值的平臺。透過工作，人們能夠展現自己的能力、決斷力、適應力與社交能力，進而獲得成就感與自我肯定。特別是銷售工作，作為一種充滿挑戰的職業，它不僅考驗業務員的心態與毅力，還要求具備敏銳的洞察力與持續成長的能力。

如果業務員僅僅將銷售視為賺錢的手段，那麼他可能會在遇到困難時輕易放棄。但若能將其視為一種成就與挑戰的機會，則能在困境中鍛鍊自

己,最終獲得長遠的成長與成功。

心理學家的實驗:不同心態帶來不同結果

一位心理學家曾來到一座大教堂的建築工地,訪問正在敲石頭的工人,以了解不同人對工作的態度。

第一位工人

當心理學家問:「請問您在做什麼?」

這位工人滿臉抱怨地回答:「難道你看不出來嗎?我正在用這把沉重的鐵錘,吃力地敲擊著又臭又硬的石頭,震得我手都麻了!這真不是人幹的工作!」

第二位工人

當心理學家問同樣的問題時,這位工人語氣無奈地說:「哎,我做這樣的工作,也是沒辦法的事,為了每天 50 美元的薪水,為了養家糊口,我只能拚命敲石頭。」

第三位工人

這位工人則滿臉喜悅、自信地說:「我正在參與建造這座雄偉的大教堂!等建成後,將有許多人來這裡做禮拜,接受上帝的愛。雖然敲石頭的工作辛苦,但每當想到未來的意義,我就感到無比興奮!」

這個實驗說明了:對工作的態度不同,產生的熱情也截然不同。如果缺乏對工作的喜愛與熱情,就無法發揮全部潛力;但若能將工作視為意義深遠的事業,就能從中獲得動力,堅持到底。

第八章　會說話的人不一定會賣東西，但會聆聽的人一定能成交！

銷售工作中的三種心態

在職場中，每個業務員的心態也各不相同。假設有三名業務員甲、乙、丙，同時進入一家企業，他們的發展也因心態不同而產生巨大差異。

甲的態度：積極進取，將銷售視為事業

甲不斷學習、提高自己的銷售能力，樂觀面對市場挑戰，並積極尋找解決方案，努力提升業績。他對自己的未來充滿信心，因此不斷進步。

十年後，他成為公司的銷售總裁。

乙的態度：踏實工作，但缺乏積極性

乙希望透過努力獲得上司賞識，但偶爾也會偷懶，缺乏長遠規劃，遇到困難時容易退縮。雖然仍有一定的進步，但與真正的成功者相比，少了一份堅持與熱情。

十年後，他跳槽成為另一家公司的銷售經理。

丙的態度：消極應付，無心投入

丙對工作毫無熱情，僅僅是按部就班地完成基本任務，缺乏進取心。他沒有努力提升自己的能力，也不在乎自己的職業發展。

十年後，他一事無成，仍在為生計苦苦掙扎。

這說明：「態度決定一切」。如果業務員能夠熱愛自己的工作，把銷售視為一項值得投入的事業，便能獲更大的成就感與回報。

客戶的購買決策與內心滿足感

銷售不只是推銷產品，而是要讓客戶對產品產生喜愛與認同。因為人們總是願意為喜歡的事情而努力，當客戶對產品充滿興趣，並認為它能夠

滿足自己的需求時，他們便會毫不猶豫地購買。

成功的銷售關鍵在於：

讓客戶感受到產品的價值

不只是介紹功能，而是告訴客戶產品如何幫助他解決問題、提升生活品質或增加收益。

引發客戶的情感共鳴

透過故事、案例或實際體驗，讓客戶對產品產生感情，進而激發購買動機。

營造正向的購買體驗

讓客戶在購買過程中感到愉悅，例如耐心聆聽、提供專業建議，讓他覺得自己做了一個明智的選擇。

熱愛工作，成就卓越業務員

態度決定高度

成功的業務員與普通業務員最大的差異，往往不在於話術技巧或市場資源，而是在於他們對待工作的態度。只有真正熱愛自己的工作，才能持續保持動力，不斷精進專業能力，最終在職場上脫穎而出。如果業務員只是將工作視為一份賺取薪水的職業，而非一種成長與挑戰的機會，那麼他們的進步將受到極大限制。

銷售的核心是滿足客戶需求

業績的好壞，取決於業務員如何與客戶互動。成功的銷售並非強迫推銷，而是讓客戶感受到產品的價值與滿足感，讓購買行為成為一種愉悅的體驗。這意味著業務員不應只關心成交，而應該關心客戶真正的需求，並

第八章　會說話的人不一定會賣東西，但會聆聽的人一定能成交！

以真誠的態度提供解決方案。當客戶感受到被尊重與重視時，他們更容易做出購買決策，甚至成為品牌的忠實顧客。

愛自己的工作，才能獲得真正的成功

如果一個業務員對自己的工作缺乏熱情，那麼他很難在這個領域取得長期的成就。唯有真正熱愛並投入其中，才能持續進步，累積經驗與專業能力，最終成為業界的佼佼者。成功的業務員，不只是賣產品，而是提供價值，並且在與客戶的互動中，找到成就感與意義。

當你熱愛自己的工作，成功就不再是一個目標，而是一種自然的結果。

從拒絕到成交：
破解客戶抗拒心理的關鍵

拒絕不代表沒有需求，找出真正的原因

在銷售過程中，業務員最常遇到的挑戰之一，就是面對客戶的拒絕。拒絕並不一定代表客戶不需要產品，而是他們心中仍存在顧慮或難題尚未解決。如果業務員能夠理解客戶拒絕的真正原因，並設法解除客戶的疑慮，就有機會將拒絕轉變為接受。

許多業務員在推銷時習慣於強調產品的優勢，但真正聰明的業務員會先傾聽客戶的需求，然後提供符合客戶期待的解決方案。事實上，客戶並不會因為某個商品本身「很好」就購買，而是因為它「符合他們的需求」才願意接受。

拒絕並不等於沒有需求

客戶抗拒推銷是一種常見的心理防禦機制。當業務員直接向客戶推薦產品，客戶可能會本能地挑剔缺點，以保護自己的決策自主權。然而，這並不代表他們沒有需求，而是他們需要更多的時間和資訊來確認這項產品是否真的適合自己。

如果業務員一聽到客戶拒絕，就放棄了進一步交流，那麼就可能錯失許多潛在機會。相反，如果業務員能夠巧妙地引導客戶說出他真正需要的商品特徵，便能讓客戶產生認同感，進而促成交易。

第八章　會說話的人不一定會賣東西，但會聆聽的人一定能成交！

提供客戶「需要的」，而非「你覺得最好的」

成功的業務員並不只是推銷自己認為最好的產品，而是提供客戶認為最適合的產品。這種銷售方式，能夠大幅降低客戶的抗拒心理，讓他們覺得產品是「自己選擇」的，而不是被強行推銷的。

案例分析：大東的成功銷售策略

大東是一家電腦公司的業務代表，某天他來到一家公司，向經理推銷電子設備。然而，經理直接拒絕了，理由是：「我們長期與某家電腦公司合作，對其他品牌不感興趣。」

如果大東執意介紹自家產品的優勢，這場談話很可能無疾而終。但他並未急於推銷，而是先詢問：「我知道您信賴那家公司的產品，請問是哪些優勢讓您特別滿意呢？」

經理詳細描述了那家公司的優勢，大東接著問：「那麼在您的理想中，您希望產品還有哪些改進？如果能夠提升某些功能，是否會讓您的工作更有效率？」

經理思考後，列舉了一些目前產品的不足之處。這時，大東才自信地說：「我們的技術團隊能夠滿足您的這些需求，而且我們的產品在操作上更簡單，符合市場的最新趨勢。此外，目前我們正以優惠價格開拓市場，誠摯希望能與您合作。」

經理聽完後產生了興趣，最終決定與大東簽訂第一筆訂單。

為何大東能夠成功？

◆ 他沒有直接推銷產品，而是先了解客戶的需求。

◆ 透過詢問，讓客戶親口說出自己想要的產品特徵，從而降低抗拒心理。
◆ 當客戶描述需求後，大東才能精準對應，讓產品變成「客戶選擇的」，而不是「業務員強迫推銷的」。

如何將拒絕轉化為接受？

要突破客戶的抗拒心理，業務員可以採取以下策略：

讓客戶自己描述需求

當客戶說「我不需要」時，不要急著反駁，而是可以問：

◆ 「請問您目前使用的產品在哪些方面讓您滿意？」
◆ 「如果可以改善某些功能，您最希望改進的是哪部分？」
◆ 「您對這類產品最看重哪些特點？」

當客戶親自說出需求時，他會更容易接受符合這些需求的產品。

傾聽而非強行說服

許多業務員過於急於推銷產品，結果適得其反。客戶不喜歡被灌輸資訊，他們更喜歡被**傾聽和理解**。當客戶願意表達需求時，業務員要耐心聆聽，而非急著推銷。

引導客戶認同產品

一旦業務員掌握了客戶的真正需求，便可以巧妙地將產品優勢與客戶的需求連結。例如：

◆ 「我們的這款產品，剛好解決了您剛才提到的問題……」
◆ 「您說的功能我們有，而且還做了這些改進……」

第八章　會說話的人不一定會賣東西，但會聆聽的人一定能成交！

這樣的說法會讓客戶產生「這是我自己選擇的」的感覺，而不是被動接受推銷。

轉換視角，提供更好的選擇

如果客戶仍然有所猶豫，業務員可以說：

◆ 「如果這款產品不能完全符合您的需求，您認為還有哪些部分需要調整？」
◆ 「如果能夠解決這些問題，您是否願意考慮合作？」

這種方式不會讓客戶覺得自己被迫接受，而是讓他覺得自己擁有選擇權，進而降低心理防備。

銷售不該是施壓，而是創造價值

業務員應該理解：「最好的商品，不是你認為最好的，而是客戶最需要的。」銷售的核心在於解決客戶的問題，而不是單純推銷產品。

當業務員能夠：

◆ 傾聽客戶需求
◆ 引導客戶表達對產品的期待
◆ 提供真正符合需求的解決方案
◆ 讓客戶感覺自己「選擇」了產品，而非被推銷

那麼，就能有效地將客戶的拒絕轉化為接受，順利完成交易。

銷售不僅僅是「賣東西」，而是幫助客戶獲得最適合的產品。當業務員能夠站在客戶角度思考，提供真正符合需求的解決方案，銷售就會變得更容易，也能獲得長期合作的機會。

成交的關鍵不在話多，
而在於聆聽與理解

讓顧客說出自己的需求，才能精準提供方案

在銷售過程中，業務員不僅要善於表達，更要學會傾聽。許多業務員認為，只要自己能夠口若懸河地介紹產品，便能夠讓顧客信服並達成交易。然而，事實上，說得太多，反而可能成為銷售失敗的原因。

真正成功的業務員，懂得如何讓顧客表達自己，並從中獲取關鍵資訊，以便更準確地滿足顧客的需求。

傾聽比說話更重要

很多時候，銷售人員失敗的原因不是他們不會說，而是他們說得太多，聽得太少。當業務員一味地向顧客灌輸自己的想法，而沒有關注顧客的真正需求時，顧客會感到被忽視，甚至產生反感。良好的傾聽能力，不僅能讓顧客感到被尊重，還能幫助業務員深入了解顧客的想法，找到成功銷售的突破口。

許多優秀的業務員往往不是話最多的人，而是那些懂得傾聽、願意理解顧客想法的人。一項調查顯示，在最優秀的業務員中，75%的人在心理測驗中被定義為內向者，因為他們更願意專注於顧客的需求，而不是一味地推銷。

第八章　會說話的人不一定會賣東西，但會聆聽的人一定能成交！

案例分析：魏魏的成功銷售

以傾聽化解客戶的抗拒

戴維是一位擅長傾聽的保險業務員，即便面對最難應對的顧客，他仍能以耐心與理解打開對方的心房。有一次，他拜訪一位潛在客戶張先生，剛表明身分，便遭到對方憤怒地回應：「我最討厭保險業務員！快離開！」

面對如此強烈的排斥，戴維並未急著辯解，而是冷靜分析對方的反應，判斷張先生可能曾遭受不良保險業務員的欺騙，因而對整個行業失去信任。於是，他再次按下門鈴，以誠懇的語氣說：「先生，我並不是來強迫推銷的，而是想向您表達歉意。我知道您對保險業務員有很多不滿，能否讓我聽聽您的經歷，了解您的感受？」

用理解與誠意贏得信任

張先生對戴維的態度感到意外，最終願意敞開心扉，分享自己曾被詐騙的經驗。戴維全程專注聆聽，不時點頭示意理解，並對不肖保險業務員的行為表達憤怒與不滿，讓張先生感受到他的真誠與同理心。

在過程中，戴維察覺到，張先生並非不需要保險，而是因為過去的負面經歷產生心理障礙，對保險業務失去了信任。因此，他利用正規保險公司的官方文件，向張先生展示自身公司的專業背景，並耐心解釋如何保障客戶權益，逐步消除他的疑慮。

真誠與耐心帶來成交

幾天後，張先生經過深思熟慮，最終決定購買保單，成為戴維的客戶。這次成功的關鍵不在於話術，而是戴維的耐心與傾聽，讓客戶重新建立對保險的信任，也證明了在銷售過程中，真正理解客戶的需求，比單純推銷產品更為重要。

為什麼傾聽能夠帶來成功？

顧客希望被理解

每個人都有想要表達自己的心理需求。當業務員願意傾聽而非強行推銷，顧客會覺得自己受到了尊重，進而產生信任感。

提供真正符合需求的產品

透過傾聽，業務員可以掌握顧客的真正需求，而不是將自己的觀點強加給顧客。當顧客覺得產品是「為自己量身定做」的，自然更容易接受。

建立長期客戶關係

聆聽不只是為了促成單次交易，而是為了建立長期的客戶關係。一位感受到被尊重的顧客，更可能成為忠實客戶，甚至主動推薦業務員給其他潛在客戶。

如何成為善於傾聽的業務員？

讓顧客多說

當顧客願意說話時，業務員應該鼓勵他們多表達自己的想法。可以使用開放式問題，例如：

- 「請問您目前使用的產品在哪些方面讓您滿意？」
- 「如果可以改善某些功能，您最希望改進的是哪部分？」
- 「您對這類產品最看重哪些特點？」

這樣的問題可以引導顧客表達需求，讓業務員更容易找到切入點。

第八章　會說話的人不一定會賣東西，但會聆聽的人一定能成交！

適時回應，顯示專注

業務員應該用眼神接觸、點頭、微笑等方式，表現出對顧客話題的關注。適時地回應，例如：「原來如此，那麼您最關心的是⋯⋯」可以讓顧客感覺到自己被理解，願意進一步交流。

控制插話的衝動

許多業務員在聆聽時，會忍不住打斷顧客，急於表達自己的看法。這樣做不僅容易讓顧客感到不被尊重，也可能錯失獲得關鍵資訊的機會。因此，在顧客表達時，業務員應該耐心等待對方說完，再進行回應。

重述確認，顯示理解

當顧客表達完意見後，業務員可以重述一遍，確認自己是否正確理解：

- 「您的意思是說，您希望產品在這方面做得更好，對嗎？」
- 「我明白您的顧慮，您的需求是⋯⋯」

這種方式能讓顧客感覺自己被認真對待，也能確保業務員沒有誤解對方的需求。

銷售不只是說服，而是雙向溝通

成功的銷售不是單方面的資訊灌輸，而是雙向的溝通。當業務員能夠耐心傾聽，而不是急於表達時：

- 顧客會感到受到尊重，願意進一步交流。
- 業務員能夠掌握顧客的真實需求，提供最合適的解決方案。
- 更容易建立長期客戶關係，獲得持續的業務成長。

學會傾聽，才能真正理解顧客的內心，進而達成銷售的目標。

讓顧客滿意的不只是產品，而是選擇的肯定感

當顧客對選擇產生滿足感，他們甚至會推薦你的產品

哈佛大學著名心理學家曾指出：「人類最熱切的需求之一，就是渴望得到他人的尊重和肯定。」這種心理需求在日常生活與工作中皆普遍存在，人們希望受到重視，並渴望展現自身的價值與地位。當一個人感受到自己的選擇是明智的，並獲得肯定時，他的滿足感和自信心就會提升，進而更願意維護與你之間的關係。這正是銷售工作中至關重要的一環——讓顧客對自己的選擇產生滿足感，並強化這種積極的心理狀態。

尊重顧客，提升其自我價值感

銷售並不只是單純的商品交易，更是一種人際互動的藝術。在這個過程中，讓顧客感受到自身的重要性，能夠有效拉近彼此的距離，使業務員獲得更多的信任與好感。當顧客認為自己受到重視，他們會更樂意與業務員建立長期合作關係，甚至主動推薦產品給身邊的人。

案例：透過關心與尊重建立成功銷售

湯姆是一家汽車公司的業務員。某天，他上門拜訪一位潛在客戶，與對方閒聊時隨口問道：「請問您的職業是什麼？」

第八章　會說話的人不一定會賣東西，但會聆聽的人一定能成交！

男主人回答：「我在一家精密機械工廠上班。」

湯姆原本以為這只是一般的工廠工作，便好奇地追問：「那您的日常工作主要是做什麼呢？」

男主人認真地回應：「我負責生產高精度的螺絲零件。」

這時，湯姆展現出極大的興趣：「真的嗎？我還從來沒有親眼見過螺絲的製造過程！如果有機會的話，我真的很想參觀貴公司的工廠，不知道您是否方便帶我去看看？」

或許是因為從來沒有人對他的工作如此感興趣，男主人內心產生了一種自豪感與被尊重的感覺，對湯姆的好感也因此大大提升。正巧他有購車的需求，於是當場簽下了購車合約。

關心顧客，創造長期商機

幾天後，湯姆真的兌現承諾，親自拜訪男主人的工廠，並且認真參觀了螺絲生產的流程。這讓男主人感到非常驚喜，甚至主動向同事們介紹：「我就是從這位先生那裡買的車！」更進一步將湯姆推薦給其他有購車需求的朋友，為湯姆帶來了更多的銷售機會。

讓顧客感受到自身的重要性

這個案例清楚展現了「讓顧客感受到自身價值」的重要性。當業務員真誠地表現出對顧客工作的尊重與興趣時，能夠有效拉近彼此的距離，建立信任感。當顧客感受到被重視，他們不僅更容易接受你的產品，也更願意成為品牌的推薦者，進一步擴大業務機會。

讓顧客感到「自己的選擇是對的」

當顧客購買一項產品或服務後，他們內心仍可能有些疑慮，例如：

- 「我是否真的做了正確的決定？」
- 「這筆錢花得值得嗎？」
- 「這個產品真的適合我嗎？」

業務員的任務之一，就是消除這些疑慮，讓顧客對自己的選擇充滿信心。這樣的心理強化會讓顧客更願意維持長期合作，甚至主動推薦你的商品。

適時給予肯定

當顧客做出購買決定後，業務員應該透過語言和行動讓顧客感到滿意，例如：

- 「您的選擇非常明智，這款產品的性能和品質絕對符合您的需求！」
- 「這輛車的舒適性和安全性特別適合您的使用習慣，您一定會喜歡的。」
- 「這款產品最近銷量非常好，許多專業人士都選擇它，您做了非常棒的決定。」

這樣的回應強化了顧客的自信心，讓他覺得自己的決定是正確的，不會產生「買錯了」的懊悔心理。

提供額外的價值

除了肯定顧客的選擇，提供一些附加價值的資訊或小技巧，也能讓顧客更加滿意自己的購買決定。例如：

- 購買家電後，教導顧客如何保養，讓產品使用壽命更長。
- 購買汽車後，提供省油駕駛技巧，讓顧客感到這筆投資更有價值。

第八章　會說話的人不一定會賣東西，但會聆聽的人一定能成交！

◆ 購買保險後，提供與健康或財務管理相關的實用建議，讓顧客感到更全面的保障。

這樣的做法不僅能讓顧客覺得物超所值，也會提升對業務員的信賴感。

尊重與細心帶來更好的銷售結果

在銷售過程中，尊重每一位顧客，並細心關注他們的需求和情緒，是建立長期關係的關鍵。

案例：以體貼與關懷贏得顧客信任

艾瑞克是一位細心的廚具業務員，某天，他依約前往一位顧客家中介紹產品。然而，抵達時他發現對方的房屋正處於裝修階段，屋內雜亂不堪，顧客的臉上也寫滿疲憊與不耐煩。

面對這種情況，艾瑞克沒有急著進行推銷，而是先微笑著說：「您的裝修風格真的很時髦！等完工後，這個空間一定會非常舒適、溫馨。」

這句話讓顧客稍微放鬆下來，接著開始抱怨裝修過程中的種種困擾，包括工期延誤、材料問題及預算超支等。艾瑞克全程耐心聆聽，並適時安慰：「裝修確實辛苦，但一切完成後，看到理想中的家，肯定會覺得這些努力都是值得的！」

細微的關懷，拉近與顧客的距離

在交談過程中，艾瑞克注意到顧客因忙於裝修，僅穿著拖鞋在寒冷的客廳裡來回走動，於是細心地提醒：「裝修雖然重要，但您的健康更重要，建議先穿雙厚襪，以免著涼。」

這句充滿關懷的提醒,讓顧客感受到艾瑞克的細心與真誠,心情也因此緩和了許多。最終,在放下防備後,顧客主動詢問廚具相關問題,並當場決定購買全套設備。他甚至對艾瑞克說:「我會珍惜像你這樣關心客戶的業務員!」

體貼需求,比推銷更重要

這個案例再次證明,尊重顧客、理解並體貼他們的需求,比單純地介紹產品更容易贏得信任與訂單。當業務員展現真誠的關懷,顧客自然會願意與之建立更長遠的合作關係,甚至主動推薦給親朋好友,為品牌帶來更多商機。

滿意的顧客,就是最好的品牌推廣者!

讓顧客滿意自己的選擇,是成功銷售的關鍵。當顧客感受到尊重、價值與關懷時,他們不僅願意購買,更可能成為你的忠實客戶,甚至推薦你的產品給他人。

成功的業務員懂得:

- 尊重顧客,讓他們感受到自身的重要性,這能提升顧客的信任與滿意度。
- 強化顧客的選擇,讓他們相信自己做了正確的決定,減少購後疑慮。
- 提供額外價值,讓顧客覺得自己的選擇超越預期,進一步增加對產品的依賴。
- 體貼入微,關心顧客的細節需求,建立更深厚的情感連結。

業務員不只是銷售商品,更是在創造顧客的購物滿足感與信賴感。當顧客真正感受到自己選擇的價值,業務員的成功也就水到渠成!

第八章　會說話的人不一定會賣東西，但會聆聽的人一定能成交！

會說話吸引顧客，會聆聽才能成交！

> 讓顧客感受到被理解，
> 才是建立長期信任關係的關鍵

在銷售過程中，業務員的表達能力固然重要，但更重要的是學會聆聽。真正成功的業務員，不是那些滔滔不絕說個不停的人，而是懂得傾聽顧客需求，並據此提供最佳解決方案的人。會說話可以吸引顧客的注意，但會聆聽才能真正打動顧客，讓他產生信任，進而促成交易。

> 聆聽是銷售的核心

從事銷售工作，必須謹記這一原則：當顧客開口說話時，務必要集中精力，專心傾聽。

學會聆聽，既是對顧客的尊重，也是成功銷售的基石。如果業務員只顧著推銷產品，而忽略顧客的意見與需求，那麼成功的機率將大幅降低。

> 案例：喬・吉拉德的失敗經驗

喬・吉拉德（Joe Girard）是全球公認的銷售大師，然而，即便是他，也曾因為忽略傾聽而失去一筆訂單。

某天，一位顧客來到吉拉德的展間選購汽車，交談過程中，除了討論車輛需求，這位顧客還聊到自己的兒子即將進入大學，未來夢想成為醫生。作為父親，他充滿自豪地分享著兒子的成就與未來規劃。然而，吉拉

德對這個話題並不感興趣，沒有專心聆聽，甚至在對方說話時分心，把注意力轉移到了其他事情上。

當交易即將完成、顧客準備簽約時，卻突然改變心意，不僅沒有購買，還要求退還訂金。吉拉德感到困惑不解，當晚特地打電話給顧客，誠懇地請對方告知自己犯了什麼錯。起初，顧客對這通電話顯得有些不耐煩，但在聽到吉拉德誠懇的語氣後，終於回答：「你真的想知道原因嗎？」

吉拉德毫不猶豫地說：「當然，我希望能成為更好的業務員。」

顧客直截了當地指出：「今天下午，你沒有專心聽我說話。」

傾聽是建立信任的關鍵

這句話讓吉拉德瞬間領悟，他失去這筆交易的真正原因──顧客不只是來買車，更是來分享他的故事與人生的一部分。購買汽車對許多顧客而言，不只是單純的商業決策，而是一種與個人生活、情感緊密相關的選擇。顧客希望被理解、被尊重，而吉拉德的忽略，讓他感覺自己不被重視，最終導致交易破裂。

這次經驗成為吉拉德重要的學習機會，讓他意識到：成功的業務員不僅要會說話，更要懂得傾聽。當顧客感受到你的真誠與關心，他們才會真正信任你，進而願意做出購買決定。

為什麼聆聽如此重要？

聆聽是一種尊重

當你真心聆聽顧客的話，顧客會感受到你的誠意與尊重，進而更願意與你溝通。

第八章　會說話的人不一定會賣東西，但會聆聽的人一定能成交！

聆聽能讓顧客獲得滿足感

當顧客發現自己被認真對待時，他們會產生愉悅感，更容易接受你的建議。

聆聽可以獲取關鍵資訊

顧客通常會在對話中透露他們真正的需求和顧慮，若業務員能夠捕捉這些細節，就能針對顧客需求提出最佳解決方案。

聆聽有助於建立信任

在銷售過程中，信任往往比產品本身更重要。一個值得信賴的業務員，顧客才會放心與他做生意。

成功業務員的聆聽技巧

專注於顧客

- 當顧客說話時，務必保持目光接觸，讓對方感受到你的專注。
- 不要分心、看手機或東張西望，這些行為會讓顧客覺得你不夠尊重他。
- 適當點頭或做出回應，如「嗯」、「我了解」、「請繼續」，讓顧客知道你正在聆聽。

不要隨意打斷顧客

- 很多業務員習慣在顧客說話時插嘴，試圖搶話表達自己的意見，這是一種不尊重的行為。
- 即使顧客的觀點與你不同，也應該等對方說完後再回應。

透過提問來引導顧客

- 「請問您的需求是什麼？」
- 「您最在意的產品特點是哪一點？」
- 「這款產品能夠幫助您解決什麼問題嗎？」

這樣的問題可以讓顧客主動說出他的需求，並引導他朝著對你有利的方向進行決策。

留意顧客的語氣與情緒

- 有時候，顧客的語氣和表情透露出的訊息，比他的話語更重要。
- 如果顧客顯得遲疑，可能是對產品價格或功能有所顧慮，這時候應該進一步探詢並給予適當的回應。

案例：先傾聽，再順勢推銷，以顧客為核心

一名廚具業務員按照約定時間來到顧客家中，準備介紹產品。然而，抵達後他發現顧客的家正處於裝修階段，屋內雜亂不堪，顧客的情緒似乎也不太好。

面對這樣的情況，業務員並未急著推銷產品，而是先觀察對方的情緒，然後以關懷的口吻說：「裝修確實很辛苦，光看這格局就知道您花了不少心思，這種風格真的很有品味！」

這句話讓顧客瞬間放下防備，開始熱情地分享裝修過程的種種挑戰，從工期延誤到預算超支，甚至細節上的取捨與困擾。業務員耐心聆聽，並適時給予回應：「的確，裝修過程雖然勞心勞力，但當一切完成後，住進自己精心打造的家，所有的辛苦都會變得值得！」

第八章　會說話的人不一定會賣東西，但會聆聽的人一定能成交！

抓準時機，自然引導銷售

當顧客的情緒逐漸緩和，並對話題產生共鳴後，業務員才順勢提到廚具：「說到裝修，您有考慮過選擇一套符合新居風格的高品質廚具嗎？這樣不僅更實用，也能讓整體設計更完美。」

這個切入點正好契合顧客當前的需求，讓他覺得有道理，進而認真考慮選購。最終，顧客決定購買全套廚具，這筆交易就這樣自然地達成了。

銷售的關鍵在於共鳴，而非話術

這名業務員的成功，並非來自華麗的話術，而是來自他對顧客情緒的理解與共鳴。他懂得先傾聽、建立連結，再順勢引導需求，這不僅讓顧客感到被尊重，也讓推銷過程變得更順利、更具說服力。這種以顧客需求為核心的銷售方式，才是真正能夠建立長久信任與成交的關鍵。

> 顧客真正想買的，
> 不是產品，而是被理解的感覺！

在銷售過程中，聆聽遠比滔滔不絕的推銷更重要。真正優秀的業務員，懂得站在顧客的角度，傾聽他們的需求、關注他們的感受，並在適當的時機提供對方真正需要的解決方案。

聆聽帶來的四大優勢：

- ◆ 建立信任感，讓顧客感受到尊重與重視。
- ◆ 獲取有價值的資訊，幫助業務員掌握顧客的真正需求。
- ◆ 創造愉快的購物體驗，讓顧客感到舒適，願意與你交談。
- ◆ 提升成交機率，當顧客覺得你的產品真正符合他的需求時，購買決策就會變得更容易。

銷售不是一場獨白,而是一場雙向的溝通。業務員能夠真正「投其所好」,關鍵就在於學會「如何聆聽」。

第八章　會說話的人不一定會賣東西，但會聆聽的人一定能成交！

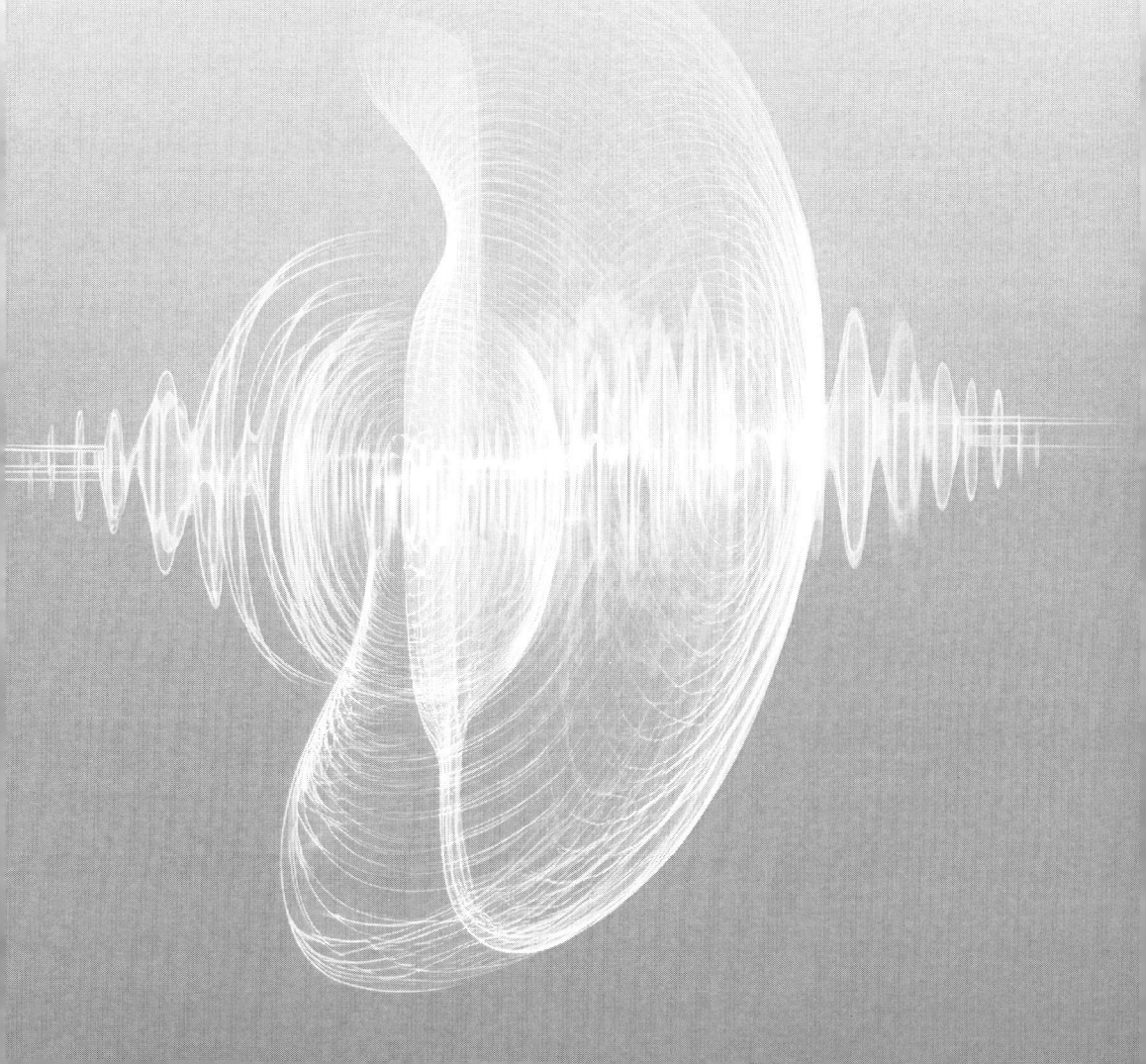

第九章
讓成交變得簡單！
說話不只是技巧，更是一種心理學

第九章　讓成交變得簡單！說話不只是技巧，更是一種心理學

情境、心理暗示與說話技巧影響顧客決策

在銷售過程中，業務員的說服力決定了成交的成功與否。一位具備高度說服力的業務員，能夠讓顧客相信自己提供的產品或服務是最適合的選擇，進而促成交易。而提升說服力，不僅需要技巧，更需要信心、策略與輔助工具的配合。

說服力的基礎：絕對的信心

信心是說服的核心。當你對自己的產品或服務充滿信心時，顧客才能從你的言語、態度和行為中感受到真誠，進而對你產生信任。如果你自己都猶豫不決，顧客更不可能買單。

如何展現自信？

- **熟悉產品知識**：能夠流暢解釋產品特點、優勢及市場競爭力，讓顧客覺得你專業可靠。
- **掌握成功案例**：分享過往客戶的使用經驗或正面回饋，讓顧客覺得選擇你的產品是明智的決定。
- **堅定語氣與眼神**：說話時保持平穩而堅定的語調，與顧客進行眼神交流，傳遞自信與誠意。

案例：

一名保險業務員在推銷健康險時，如果自己對該保險的保障範圍、理賠條件、成功理賠案例一無所知，那麼即使顧客對保險有需求，也會對你的專業度產生質疑，進而放棄購買。反之，若能清楚解釋產品的價值，並舉例說明已投保客戶如何從保險中受益，顧客自然會增加購買意願。

輔助工具的應用：讓顧客「看到」產品價值

說服不只是口頭表達，還需要借助視覺輔助工具來強化影響力。讓顧客「看見」產品帶來的價值，比單純的言語描述更具說服力。

體驗式銷售

讓顧客親身體驗產品，比任何言語都更有說服力。

- **房地產業務員**：在看房時，提供茶點，讓顧客感受家的氛圍，增加對房子的歸屬感。
- **汽車業務員**：邀請顧客試駕，讓他感受駕馭的樂趣，而非單純聽你形容車輛性能。
- **電子產品銷售員**：讓顧客親手操作最新款手機或電腦，讓他們切身感受到產品的流暢度與便捷性。

視覺衝擊

- **保險業務員**：展示車禍現場照片、醫療費用單據，讓顧客直觀理解風險的重要性。
- **健康產品業務員**：使用「健康對比圖」，如吸菸者與非吸菸者的肺部 X 光影像，讓顧客看到長期影響。

第九章　讓成交變得簡單！說話不只是技巧，更是一種心理學

◆ **健身器材銷售員**：展示「使用前 vs. 使用後」的身材變化照片，強化產品效果。

案例：

某家汽車經銷商為了提升跑車銷量，特別安排試駕活動，並在路邊安排一名年輕女性，當試駕顧客經過時，她會驚呼：「哇！這車好帥！」這樣的心理暗示使顧客更容易產生購買衝動。

製造心理暗示：讓顧客「自己想買」

成功的銷售人員不會強迫顧客購買，而是利用心理暗示，讓顧客產生「這正是我需要的！」的想法。

讓顧客做選擇，而非被動接受

與其問「您想買嗎？」不如問「您比較喜歡 A 款還是 B 款？」這種雙重選擇法讓顧客感覺自己在掌控決定，而不是被強迫購買。

營造「稀缺感」

顧客通常害怕錯失良機，若能讓他們覺得「現在不買，未來會後悔」，將會提升購買意願。

◆ **房地產業務員**：「這間戶型，這週已經有兩組客戶在考慮，如果您有興趣，建議盡快下訂。」
◆ **限量版產品銷售員**：「這是我們限量推出的特別款，目前只剩最後 5 組。」
◆ **服飾業務員**：「這款外套是本季最受歡迎的設計，這是最後一件您的尺碼！」

使用「社會認同」來影響顧客決策

人們更容易跟隨大多數人的選擇，因此可以適時地提到其他客戶的購買決策來增加顧客的信心。

- 「我們的 VIP 客戶幾乎都選擇了這個方案，因為它的保障最全面。」
- 「這款手機是目前銷售最好的型號，很多客戶試用後都說非常滿意。」

案例：

一位高級餐廳的服務生在顧客點餐時，常用「這道菜是本店最受歡迎的招牌菜」來引導顧客選擇結果，這樣不僅讓顧客更有信心點餐，也提升了餐廳的營收。

善用故事，讓顧客產生共鳴

單純的產品介紹可能會顯得枯燥，而透過故事來傳達價值，能讓顧客更容易被說服。

保險業務員可以說：「我的一位客戶，原本認為自己還年輕，不需要保險。但後來，他在一次意外事故後發現，沒有保險讓家人承擔了沉重的醫療費用。他後悔當初沒有提早準備。」

化妝品業務員可以說：「很多顧客使用這款精華液後，都發現膚質變得更加細緻，甚至朋友都會問她是不是偷偷做了護膚療程。」

教育課程銷售員可以說：「上個月，一位媽媽為孩子報名了我們的課程，她跟我說，孩子在短短兩週內進步驚人，變得更有自信，也更願意主動學習。」

好的故事能讓顧客產生情感共鳴，進而增加購買欲望。

第九章　讓成交變得簡單！說話不只是技巧，更是一種心理學

> 結從說服到成交：
> 四大策略提升你的銷售影響力！

增強說服力的四大關鍵要素：

- ◆ 自信：只有當業務員對產品充滿信心，顧客才會相信你的推薦。
- ◆ 輔助工具：利用試用體驗、視覺衝擊來強化產品優勢，讓顧客「看得見」價值。
- ◆ 心理暗示：透過選擇、稀缺效應與社會認同，讓顧客自己產生購買動機。
- ◆ 故事敘述：透過案例與情境描述，讓顧客更容易產生共鳴並做出購買決策。

　　銷售的本質不只是產品的介紹，而是讓顧客在購買決策中，感受到價值、必要性與愉悅感。當業務員能夠巧妙運用這些說服技巧，成交率自然會大幅提升。

讓話語直達顧客內心，
提高銷售說服力

有效溝通不只是介紹產品，而是讓顧客產生情感共鳴

銷售的本質是一種溝通，而有效的溝通關鍵在於能否說到顧客的心坎裡。優秀的業務員不僅要熟悉產品，還要掌握語言的運用，使顧客在情感上產生共鳴，進而願意購買你的產品或服務。

銷售的成功，絕大部分取決於說話的方式，而不僅僅是產品本身。業務員若能掌握說話的技巧，便能打開顧客的心門，使銷售更加順利。

說話前，先讀懂顧客的心理

先傾聽，再說話

許多業務員一見到顧客，就急於推銷產品，滔滔不絕地介紹特色、優惠等，卻沒有注意顧客是否感興趣。這樣的推銷方式不僅無效，還可能讓顧客產生反感。優秀的業務員懂得先觀察顧客的需求，再決定如何說話，而不是一股腦地推銷。

- ◆ 錯誤示範：「您好！我們的產品現在有折扣，比市場價便宜很多！」
- ◆ 正確示範：「請問您最近在找哪種類型的產品呢？是希望價格更優惠，還是功能更強大？」

第九章　讓成交變得簡單！說話不只是技巧，更是一種心理學

避免讓顧客直接拒絕

如果業務員開場時直接問：「請問您有興趣買這款產品嗎？」這類問題容易讓顧客直接說「不」，對話就此終止。應該改為更開放性的問句，例如：

- **錯誤示範**：「請問您需要購買這款手機嗎？」
- **正確示範**：「您平常使用手機時，比較重視拍照效果還是遊戲體驗呢？」

用顧客聽得懂的語言表達

說顧客「關心」的話

顧客買產品時，最關心的是它能解決什麼問題、帶來什麼好處，而不是複雜的技術規格。因此，業務員應該換位思考，用顧客的角度來表達，而非單純羅列產品資訊。

- **錯誤示範**：「這款吸塵器採用了最新的過濾技術，能過濾99.97%的微粒。」
- **正確示範**：「這款吸塵器能有效去除灰塵和過敏原，對有小孩或養寵物的家庭特別適合，能讓家裡的空氣更清新。」

創造情境，讓顧客產生畫面感

有時候，顧客之所以猶豫不決，是因為無法具象化產品的好處。這時，業務員可以透過故事或畫面，幫助顧客產生購買的欲望。

- **錯誤示範**：「這臺洗碗機的清潔力很強。」

◆ 正確示範：「想像一下，您吃完晚餐後，按下這臺洗碗機，然後坐在客廳悠閒喝茶，完全不用自己動手洗碗，這樣的感覺是不是很棒？」

運用心理學技巧，讓顧客產生共鳴

善用「同理心語言」，消除顧客的防備

當顧客提出異議時，業務員千萬不能急著反駁，而應該先表達理解，讓顧客覺得自己被重視，之後再逐步化解疑慮。

◆ 顧客：「我覺得這個產品太貴了。」
◆ 錯誤示範：「其實這個價格已經很優惠了。」
◆ 正確示範：「我能理解您的想法，畢竟購買這類產品是很重要的決定。不過這款產品的耐用度高，CP值其實更好，您認為價格合理的範圍大約是多少呢？」

讓顧客感覺自己做了聰明的選擇

人們都希望自己的購買決定是聰明且值得的，業務員應該強調顧客的眼光，讓他覺得購買你的產品是一個明智之舉。

◆ 錯誤示範：「這臺咖啡機真的很不錯。」
◆ 正確示範：「您的品味真好，這款咖啡機是很多咖啡愛好者的首選，因為它能煮出媲美精品咖啡店的風味！」

適時幽默，讓顧客放下戒心

顧客通常對業務員存有一定的防備心，這時候適度的幽默可以讓氣氛變得更輕鬆，進而拉近彼此的距離。

第九章　讓成交變得簡單！說話不只是技巧，更是一種心理學

案例：

- **顧客**：「你們的化妝品真的像廣告說的那麼好嗎？」
- **業務員**：「如果試用後發現沒效果，那您可以考慮當我們的廣告模特兒，幫我們測試下一代產品！」（輕鬆化解疑慮，讓對話更自然）

> 成交的關鍵，不在話術，而在「對的話」！

銷售的成功，不在於話多，而在於話說得是否到位。真正能打動顧客的說話技巧包括：

- 先觀察顧客需求，再決定怎麼說
- 用顧客的語言表達，不要使用過多專業術語
- 善用同理心語言，讓顧客覺得自己被理解
- 創造具體的使用情境，讓顧客產生畫面感
- 適時幽默，降低顧客的戒心
- 讓顧客覺得自己做了聰明的選擇

當話語能夠真正直達顧客內心時，銷售就會變得更加輕鬆且成功。

影響力話術：
讓顧客不自覺說「我買了！」

> 避免空談產品，
> 學會觀察需求、同理溝通、創造畫面感

　　成功的銷售與說服不僅依賴於產品本身的優勢，更關鍵的是話語的力量。當你的語言能夠激發情緒、引起共鳴，甚至讓顧客熱血沸騰時，他們才會真正被打動，進而做出決策。

　　許多頂級演說家和成功的業務員，都擁有極具煽動力的語言技巧。他們的話語能夠讓聽眾產生強烈的情感共鳴，甚至直接影響行動。那麼，如何讓自己的話更具影響力和說服力呢？以下幾個關鍵技巧可以幫助你提升語言的感染力。

> 讓你的語言充滿情緒，先感動自己

　　偉大的演說家都懂得一個道理：「如果你無法感動自己，就不可能感動別人。」這正是讓話語充滿感染力的核心。

　　案例：邱吉爾的戰時演說

　　在二戰時期，英國首相邱吉爾發表了一場舉世聞名的演講：「我們絕不投降！」他的語言充滿力量，激起了全國人民的鬥志。這場演說沒有華麗的辭藻，卻以強烈的情感點燃了聽眾的愛國熱情。

第九章　讓成交變得簡單！說話不只是技巧，更是一種心理學

應用在銷售上

當你向顧客介紹產品時，不應該只是冷冰冰地背誦產品規格，而應該將產品與顧客的需求、夢想、痛點聯繫起來，讓他們產生情感共鳴。例如：

- **錯誤示範**：「這款吸塵器吸力強，功率1200W，擁有HEPA過濾系統。」
- **正確示範**：「想像一下，當你的孩子在地板上玩耍時，你不用再擔心灰塵和過敏原，這款吸塵器能讓你的家變得更加健康、安全。」

強調「你」而非「我」，讓顧客成為主角

顧客關心的不是你的產品有多厲害，而是它如何改變他們的生活。因此，成功的說服話術應該圍繞**顧客**展開，而不是單純介紹產品。

- **錯誤示範**：「我們的產品榮獲多項專利，並且獲得國際認證。」
- **正確示範**：「這款產品能幫助你減少50％的清潔時間，讓你有更多時間陪伴家人。」

在話語中多使用「你」而非「我」，這能讓顧客感受到你的話是在為他們量身打造，而不是在進行冷冰冰的銷售。

重複與強調，讓你的話更有力量

強調與重複是增加話語煽動性的關鍵技巧。像邱吉爾在演講中反覆使用「我們將戰鬥！」這樣的語句，能夠在聽眾心中加深印象，形成強烈的情感共鳴。

應用在銷售

假設你在銷售一款能夠提高效率的筆電，你可以這樣說：

◆ 普通說法：「這款筆電運行速度快，能幫助你提高工作效率。」
◆ 煽動性說法：「這款筆記本讓你更快完成報告，讓你更快發送郵件，讓你更快掌握市場動向。更快，讓你的競爭對手望塵莫及！」

透過重複與語調的強化，讓顧客牢記你的話語。

創造畫面感，讓顧客「看見」你的話

最具影響力的語言，不是枯燥的數據，而是能夠讓顧客產生具體畫面的描述。當你能讓顧客「看見」你所說的情境，他們就更容易產生情緒反應。

◆ 錯誤示範：「這款按摩椅有五種模式，能幫助你放鬆。」
◆ 正確示範：「想像一下，下班回到家，你輕輕按下按鈕，按摩椅開始溫柔地放鬆你的肌肉，讓你忘記一整天的疲憊，就像置身於高級水療館。」

當顧客腦海中出現了這樣的畫面，他們更容易被說服。

運用故事的力量，讓顧客與產品產生連結

故事能夠打動人心，因為它能激發情緒，使顧客產生共鳴。與其直接講述產品的功能，不如分享一個真實的客戶故事。

第九章　讓成交變得簡單！說話不只是技巧，更是一種心理學

案例

◆ **普通說法**：「這款保險能提供全面保障，確保你的家庭無後顧之憂。」
◆ **故事化說法**：「前陣子，一位客戶買了這款保險，不久後他發生了意外，所幸他的家人不用為龐大的醫療費擔憂，因為這份保險給了他們穩定的生活保障。」

故事能讓顧客在情感上投入，從而增加購買的可能性。

適當使用「情感對比」，讓話語更具衝擊力

對比能夠讓你的話語更有力量，因為人們對極端的變化更容易產生反應。

應用技巧

◆ **錯誤示範**：「這款濾水器能有效過濾水中的雜質。」
◆ **正確示範**：「你會選擇讓家人喝看不見的污染物，還是選擇純淨無瑕的健康水呢？」

這樣的對比能夠放大顧客的心理需求，讓他們更容易做出決策。

掌握說話的力量，讓銷售更具影響力

要讓你的話更具煽動力，關鍵在於：

◆ 先感動自己，再感動別人
◆ 強調「你」而非「我」，讓顧客成為主角
◆ 運用重複與強調，讓話語深入人心

- 創造畫面感,讓顧客「看見」你的話
- 講故事,而不是單純描述
- 利用情感對比,放大顧客的需求

當你的話語能夠引發顧客的情緒,讓他們產生強烈的共鳴,那麼成交將變得水到渠成!

第九章　讓成交變得簡單！說話不只是技巧，更是一種心理學

如何巧妙運用讚美，讓愛面子的顧客難以拒絕

在銷售過程中，說服顧客並非易事，但如果你懂得適時地送上一頂「高帽子」，事情就會變得輕鬆許多。這並不是單純的奉承，而是透過真誠的讚美來打開顧客的心防，讓他們感受到自己的價值，從而更願意接受你的建議。

讚美的力量：讓顧客感覺良好

人性的一大需求就是**渴望被認可與尊重**。當一個人覺得自己受到重視時，他的心態會變得更加開放，對你的提議也更容易接受。因此，銷售員要善於抓住顧客的心理，透過適當的讚美來增加說服力。

案例：伊斯曼與亞當森的故事

伊斯曼是感光膠捲的發明者，也是當時世界上最知名的企業家之一。有一天，亞當森希望獲得伊斯曼新建音樂學校與戲院的椅子訂單。他的競爭對手眾多，而伊斯曼的時間非常寶貴，因此亞當森只有五分鐘的時間來進行說服。

然而，他並沒有一開始就談生意，而是：

◆ **真誠地讚美伊斯曼的辦公室**：「這是我見過最漂亮的辦公室，即使工作辛苦一點，能在這樣的環境裡也會覺得很幸福。」

- **觸動對方的情感**：「這櫟木的質地真是上乘,這一定是精挑細選的傑作。」
- **讓伊斯曼開始分享自己的故事**,進而談論自己創業時的奮鬥歷程。

結果,本來只有五分鐘的會談,竟變成長達兩個小時的深度交流,最後亞當森成功獲得大筆訂單。

這個故事告訴我們:讚美可以拉近距離,激發對方的情感共鳴,從而達成目標。

精準讚美:如何用一句話打動顧客?

讚美並不是隨便誇獎,而是要根據對方的特點來量身打造。以下是幾個關鍵技巧:

(1)找到顧客最引以為豪的點

每個人都有自己最自豪的地方,可能是職業成就、品味、個人價值觀或購買決策。如果你能夠準確找到這些點,並給予真誠的讚美,顧客自然會對你產生好感。

錯誤示範

「您的辦公室看起來不錯。」(這種敷衍的讚美無法引起共鳴)

正確示範

「您的辦公室設計感十足,尤其是這些書架的擺設,展現了您對品味的極致要求。」(讚美得具體,讓對方感受到你的誠意)

(2)讚美要真誠,避免過度吹捧

讚美的關鍵在於真誠,如果說得過於浮誇,反而會讓顧客產生反感,甚至懷疑你的動機。

第九章　讓成交變得簡單！說話不只是技巧，更是一種心理學

錯誤示範

「您真是全世界最有眼光的顧客，沒有任何人能比得上您！」（過度誇張，缺乏可信度）

正確示範

「您的選擇非常精準，很多成功人士都會特別注意這類產品的品質，您確實很有眼光！」（讚美中帶有合理的參考，讓對方更容易接受）

(3) 讓顧客主動參與話題

當顧客開始分享自己的想法時，表示他已經開始接受你。如果你能夠適時地回應並強調他的見解，那麼你們的交流會更加順暢。

應用示範

- 業務員：「這款手錶的設計非常適合講究品味的成功人士，您平常會特別關注哪些品牌？」
- 顧客：「我對瑞士製錶比較有研究，尤其是某幾個品牌。」
- 業務員：「那您對鐘錶的理解一定很深入！這款手錶的設計師也參與過瑞士高端品牌的設計，難怪它的細節處理讓人驚豔。」

透過這樣的互動，不僅讓顧客感受到自己的專業受到尊重，還能順勢將話題帶回你的產品上。

(4) 善用「對比讚美」，讓顧客感受到特殊待遇

人們總是希望自己比別人更特別，因此，透過對比的方式來讚美顧客，能夠讓他們更加重視你的話語。

應用示範

◈ **錯誤示範**：「我們的產品適合所有人使用。」
◈ **正確示範**：「這款產品適合真正懂得生活品質、重視細節的客戶,像您這樣對品味有獨到見解的人,一定能體會它的價值。」

透過這樣的表達,顧客會覺得自己是「特別的」,進而願意接受你的建議。

讓讚美成為你最強的說服工具

要讓愛面子的顧客心甘情願地買單,你需要:

◈ 找到顧客最引以為傲的地方,從他的興趣點切入。
◈ 讚美要真誠且具體,避免浮誇和過度吹捧。
◈ 讓顧客主動參與話題,透過引導讓他說出自己的見解。
◈ 運用對比讚美,讓顧客覺得自己比別人更特別。

當你能夠讓顧客在你的話語中找到認同感和價值感,他們自然就會對你產生信任,進而促成交易。善用「高帽子」的力量,讓顧客在讚美中愉快地做出購買決策!

第九章　讓成交變得簡單！說話不只是技巧，更是一種心理學

銷售不該是推銷，而是幫助顧客解決問題

當業務員成為顧客的購物顧問，成交就變得順理成章

許多顧客在購物後會抱怨：「本來我想買某樣東西，但業務員一直在施壓，讓我覺得像是在被強迫購買，最後決定乾脆不買了。」這種情況的發生，往往是因為業務員過於急於推銷，而忽略了真正與顧客建立連結。

在銷售過程中，業務員應該拋開刻板的推銷話術，不要用業務員的口氣與顧客交談，而是站在顧客的角度，以朋友的方式幫助他們找到最適合的選擇。

銷售不該是「洗腦式推銷」，而是「需求導向的服務」

錯誤示範：過度資訊轟炸，忽略顧客需求

曾經有一位顧客打算購買洗衣機，原本心裡已經有了大致的品牌選擇。然而，一進到購物中心後，業務員馬上開始滔滔不絕地介紹：

- ◆ 這款洗衣機採用最新水流技術，可以更節能。
- ◆ 我們的電腦主控板非常先進，確保電壓穩定。
- ◆ 您知道嗎？我們還有特殊的抗菌功能。

這位顧客聽了一大堆技術細節後,卻越聽越不耐煩,因為這些資訊對他來說並不重要。他更關心的是:「這臺洗衣機好不好用?」最後,他決定直接離開,轉去另一家店購買。

問題在哪裡?

- 業務員沒有先了解顧客的需求,就一股腦地灌輸產品資訊,導致顧客反感。
- 過度專業的講解讓顧客產生距離感,甚至覺得「是不是在強迫我買單?」

正確做法:先理解顧客,再提供適當建議

若這位業務員改用更貼近顧客需求的方式開場,結果可能會完全不同:

- 請問您是想找一臺省水的洗衣機,還是更注重容量?
- 請問您的洗衣習慣如何?比如洗比較多大件衣物,還是每天都會洗?
- 這臺洗衣機在節能和操作簡單方面的表現都很好,想要了解更多嗎?

這樣的對話方式,能夠讓顧客感受到被尊重,而非被推銷,進而更願意繼續對話。

如何讓顧客感覺你是來幫助他的?

讓對話更自然,不要「自賣自誇」

顧客對於業務員的刻板推銷詞彙通常會產生防備心。例如:

第九章　讓成交變得簡單！說話不只是技巧，更是一種心理學

錯誤示範

先生，我們的品牌擁有超過 100 家連鎖店，全國最受歡迎，品質有保證，總有一款適合您。

正確示範

先生，您好！這雙鞋是我們最新的款式，看起來很適合您的風格，您想試穿看看嗎？

關鍵差異

- 錯誤示範：以企業視角出發，沒有關心顧客需求。
- 正確示範：讓顧客覺得這是一個「自然的選擇」，而不是「被推銷」。

用提問引導顧客，而非強行推銷

與其直接介紹產品的優勢，不如先讓顧客自己表達需求，然後再根據他的回答提供適合的選擇。

錯誤示範

這支手機擁有最高效能的處理器和超高解析度的相機，現在是市場上最強的款式。

正確示範

請問您是比較在意手機的拍照效果，還是更關心續航能力呢？

顧客：「我平常很喜歡拍照！」

這支手機的相機效果在同價位中表現非常出色，您可以試拍看看，看看效果合不合您的需求。

關鍵差異

◆ 錯誤示範：直接講述產品優勢，但不一定符合顧客的需求。
◆ 正確示範：透過提問讓顧客主動表達需求，再對應推薦合適的產品。

讓顧客感受到「特別待遇」

當顧客感覺到自己被重視，會更容易接受你的建議。

錯誤示範

這是我們賣得最好的產品，所有顧客都很喜歡！

正確示範

這款手錶的設計非常獨特，很多品味出眾的顧客都會選擇它，先生您的風格也很適合這款。

關鍵差異

◆ 錯誤示範：強調大眾選擇，顧客可能不會覺得自己被重視。
◆ 正確示範：讓顧客感覺自己得到特別的推薦，增強購買意願。

用「朋友的語氣」，而非「業務員的口氣」

在銷售過程中，業務員應該學會「以朋友的方式幫助顧客」，而不是單純地推銷。具體來說：

◆ 不要急著介紹產品，而是先聆聽顧客的需求。
◆ 避免使用生硬的推銷話術，讓對話更自然流暢。
◆ 透過提問來引導顧客，讓他自己發現產品的價值。
◆ 營造「特別待遇」，讓顧客覺得這是為他量身推薦的選擇。

第九章　讓成交變得簡單！說話不只是技巧，更是一種心理學

　　當你能夠改變自己的銷售方式，真正站在顧客的角度思考，他們不僅會更願意購買你的產品，還會對你的服務留下深刻印象，甚至主動介紹更多朋友來找你！

建立信任感，
把客戶當朋友，而非上帝

放下拘謹與距離感，讓銷售變得更自然

在銷售的過程中，許多人總是強調「顧客至上」，甚至將客戶視為「上帝」，然而，這種過於拘謹的態度，反而容易造成距離感，使得銷售過程變得生硬，缺乏人情味。事實上，把客戶當朋友，才能真正建立起長久的合作關係，讓交易變得更加自然和順暢。

銷售不只是交易，而是建立關係

嚴肅的推銷，往往讓人感到壓力

許多銷售人員在與客戶洽談時，總是過於正式，甚至拘泥於規範的商務禮儀，不敢開玩笑，也不敢聊些與生意無關的話題。他們認為，銷售就是要保持專業、嚴謹，才能顯得可靠。然而，這種過於謹慎的方式，往往讓客戶感到拘束，反而降低了對業務員的好感。

銷售人員小劉曾經抱怨：「我的銷售業績一直不好，主要是因為我不擅長講笑話。一次，我和經理一起去談生意，不到幾分鐘，經理就和客戶聊得熱火朝天，像朋友一樣開玩笑，氣氛非常輕鬆。而我卻像個木頭樁子站在一旁，完全插不上話，結果這筆生意也沒談成。」

這樣的情況並不少見，當業務員過於拘謹，總是圍繞著產品、數據、性能等話題，而忽略了情感上的交流，就很容易讓客戶對業務員缺乏信任感，甚至產生距離。

第九章　讓成交變得簡單！說話不只是技巧，更是一種心理學

如何把客戶當朋友，而非交易對象？

先建立情感連結，再談生意

　　成功的銷售並不只是推銷產品，而是建立人際關係。許多優秀的銷售人員，並不會一見面就開始談價格、談規格，而是會先與客戶聊聊日常話題，比如：

- 「最近天氣變冷了，今天過來的路上還順利嗎？」
- 「聽說您對某個品牌很有研究，方便分享一些您的看法嗎？」
- 「之前您提到的那本書，我最近也讀了，感覺很有意思！」

　　這樣的開場，能讓客戶感覺到業務員的關心，而非單純的銷售目的，從而建立起更自然的對話氛圍。

適時加入幽默，讓氣氛更輕鬆

　　幽默是一種強大的溝通工具，可以快速拉近彼此的距離，降低客戶的防備心理。例如：

　　當客戶說：「最近很忙，沒時間考慮這些事情。」

　　回應方式：「我懂您太忙了，真不愧是賺大錢的人！不過，賺再多錢也要給自己點時間，對吧？」（笑著說）

　　效果：這樣的回應能緩解客戶的壓力，並開啟更自然的交流。

　　當客戶質疑產品的價格時：

　　回應方式：「這款產品不僅耐用，還能提升您的生活品質。這就像投資一套好西裝，穿起來得體，氣場都不一樣了！」

　　效果：幽默的比喻讓話題不再僵硬，反而引導客戶換個角度思考。

不要急於成交，而是關心客戶的需求

很多業務員的失敗，來自於急於成交，而不是傾聽客戶的需求。與其一開始就強調產品的優勢，不如先讓客戶多說話，了解他真正的需求。例如：

- 「您在選擇這類產品時，最在意的點是什麼？」
- 「您之前用過類似的產品嗎？使用感覺如何？」
- 「如果能幫您解決這個問題，您會考慮嗎？」

這樣的對話方式，能讓客戶感覺到被尊重，而不是被強迫購買。

長期關係比短期交易更重要

一次銷售，不如終身客戶

從行銷學的角度來看，**獲取客戶的終身價值**才是最成功的銷售方式。客戶的忠誠度，往往不只是來自於產品本身，而是來自於對業務員的信任。如果業務員能讓客戶感到舒服，他不僅會願意再次購買，還可能介紹更多人來消費。

讓客戶成為你的「推薦大使」

如果你與客戶建立了良好的關係，他就會樂於向親朋好友推薦你的產品，這比任何廣告都更有效。例如：

- 你賣的是保險，客戶可能會介紹朋友來了解。
- 你賣的是汽車，客戶可能會推薦同事來試駕。
- 你賣的是家電，客戶可能會在親友群裡分享他的購物體驗。

這樣的口碑行銷，能讓你的銷售工作事半功倍。

第九章　讓成交變得簡單！說話不只是技巧，更是一種心理學

讓銷售更人性化，與客戶建立長久關係

- ◆ 把客戶當朋友，而非交易對象。
- ◆ 先建立情感連結，再談生意，降低客戶的防備心理。
- ◆ 運用幽默讓對話更輕鬆，不要太過刻板或制式化。
- ◆ 關心客戶的需求，而非急於成交，讓客戶感受到你的誠意。
- ◆ 重視長期合作關係，而不只是一次性交易。

當你不再把客戶當成「上帝」，而是用朋友的態度與他們交流，你會發現，銷售不再是冷冰冰的推銷，而是一次愉快的合作過程。當客戶感受到你的真誠，自然會更願意與你進一步合作，甚至主動介紹更多潛在客戶給你。這才是長久穩定的銷售之道。

適當施壓，促使客戶做出購買決策

透過巧妙引導，讓客戶意識到行動的必要性

在銷售過程中，客戶經常會猶豫不決，尤其是在價格談判時，總希望能夠爭取到更低的價格。這時候，業務員需要掌握一種策略——適當施壓，讓客戶意識到如果不盡快做出決定，可能會錯失良機。然而，這種「施壓」並不是強迫，而是一種巧妙的引導，讓客戶自行做出決定。

客戶的心理——「我還能再砍價」

許多客戶都有這樣的心態：「業務員報的價格肯定不是最低的，只要我再堅持一下，應該還能再降一些。」

這種心理使得許多客戶遲遲不願下單，甚至反覆試探，想要爭取最大的價格優勢。因此，業務員需要學會適當「施壓」，打破客戶的僵持狀態，讓他們快速做出購買決策。

巧妙施壓的方法

營造「稀缺感」，讓客戶有緊迫感

人們對於稀缺的東西往往更容易心動，當某樣商品變得「限量」或「即將售罄」時，客戶會更快做出決定。例如：

- 「這是我們最後一批庫存了，賣完就沒有了。」
- 「這款商品今天有特價，過了今天就恢復原價了。」

第九章　讓成交變得簡單！說話不只是技巧，更是一種心理學

- 「我們的折扣只針對前 10 位顧客，目前只剩下 2 個名額。」

這種話術能讓客戶產生「現在不買，可能就買不到」的心理，從而促使他們盡快決策。

讓客戶看到「不買會有損失」

人們害怕錯失機會，這種心理可以用來加強銷售效果。例如：

- 「如果今天不訂，下一批價格可能會調漲。」
- 「這款產品的庫存很少，如果今天不決定，明天可能要等 3 個月才會有貨。」
- 「現在購買，我們還可以提供免費的額外服務，這個優惠過幾天就沒有了。」

這樣能讓客戶意識到「現在買是划算的」，從而加快決策速度。

把「支出」轉化為「節省」

有些客戶對價格特別敏感，總覺得產品太貴，不願下單。這時候，可以用「不買才是損失」的方式來引導。例如：

- 「您現在猶豫的是 5,000 元的花費，但如果購買這款節能設備，您一年就能省下 2,000 元，兩年就回本了。」
- 「這款商品的耐用度是普通產品的兩倍，現在購買，未來五年內都不用再換新。」
- 「與其等到價格上漲後再買，不如現在趁優惠時入手，這樣能節省不少錢。」

這種方式能讓客戶意識到，如果不馬上下單，反而會造成更大的財務損失。

巧妙運用「參考價格」來強化購買意願

如果客戶認為價格太貴，可以用參考價格來讓客戶覺得划算。例如：

◆ 「上週有客戶以更高的價格買走了一批貨，今天的價格已經是很優惠了。」
◆ 「這款產品的市場價是 XX 元，而今天我們的優惠價是 XX 元，這可是難得的機會。」
◆ 「類似的商品在其他品牌那裡要賣 XX 元，我們這裡的 CP 值更高。」

這樣做能讓客戶產生「現在買是划算的」心理，從而加快決策。

施壓時要注意的事項

「施壓」要有針對性

並不是所有客戶都適合這種方法，只有當客戶已經表現出購買意願但仍在猶豫時，才適合適當施壓。如果對完全沒有購買興趣的客戶採用這種策略，反而會適得其反，讓客戶直接放棄。

適當給客戶一些思考時間

雖然施壓可以幫助促成交易，但如果過於強硬，會讓客戶感到壓力太大，甚至反感。給予適當的思考時間，能讓客戶覺得自己仍然擁有選擇權。例如：

◆ 「這個價格是今天限定的優惠，您可以再考慮一下，但我們真的不希望您錯失這個機會。」

第九章　讓成交變得簡單！說話不只是技巧，更是一種心理學

- 「如果您需要時間考慮，我可以幫您保留這個價格到今天晚上，但之後就恢復原價了。」

這樣能讓客戶覺得自己並沒有被強迫，而是自己做出的決定。

施壓後適當讓步，增加成交機率

如果客戶仍然猶豫，可以適當做出一些讓步，例如：

- 「我剛剛和主管商量了一下，如果您現在決定購買，我們可以再提供額外的贈品或優惠。」
- 「雖然我們已經是最低價了，但我可以幫您申請免費運送服務，讓您更安心。」

這樣的策略能讓客戶覺得自己的堅持有價值，從而更願意下單。

施壓不等於強迫！
掌握「精準引導」讓客戶主動買單

適當施壓是一種有效的銷售技巧，但需要掌握分寸與時機，否則容易引起客戶的反感。以下幾點是施壓時的關鍵：

- 營造稀缺感 —— 讓客戶覺得現在不買，可能就買不到了。
- 強調「不買的損失」 —— 讓客戶覺得現在不買，未來可能要花更多錢。
- 轉換觀念，從「花錢」變成「節省」 —— 讓客戶意識到購買能帶來長期的經濟效益。
- 利用參考價格 —— 讓客戶覺得自己賺到了。

- 給客戶適當思考時間 —— 不要讓客戶感到壓迫。
- 適時讓步，促進成交 —— 讓客戶覺得自己的堅持有價值。

當你能夠靈活運用這些策略，你就能有效突破客戶的猶豫心理，讓交易更順利地完成。

第九章　讓成交變得簡單！說話不只是技巧，更是一種心理學

潛移默化地引導顧客，
讓他們自願做出選擇

掌握心理學原則，利用情境塑造與價值堆疊提升成交率

銷售過程中，很多時候顧客的反應並不是立刻就能決定的。過於直白的推銷方式，可能讓顧客感到壓力，反而起到適得其反的效果。相反，隨著時間的推移，通過巧妙的引導，讓顧客自己做出決定，這樣的結果往往更有說服力。

以身作則，激發顧客的興趣

在一場銷售會議或活動中，熱情和自信能迅速吸引顧客的注意。你的熱情能夠點燃顧客的興奮感，讓他們更自然地進入購買的心態。舉個例子，如果你對某個產品充滿信心，並能清楚且生動地描述它的價值，顧客便能感受到你的真誠與熱忱，這時他們會更傾向於相信你所說的話。

這就像是在一個人群中，如果其中某一個人說話時情緒激昂，周圍的人很快會被他的情緒所感染。這是一種潛移默化的影響力，顧客不知不覺就會被你的熱情所感染，這樣他們的態度會變得更加開放和積極。

善用輕鬆的談話，打破顧客的戒心

有時候，顧客不願意立即做出決定，可能是因為他們對產品還存在一些懷疑，或者對價格有所顧慮。這時候，以輕鬆愉快的態度去與顧客溝

通，會讓他們更容易敞開心扉。

例如：曾有一位老師，他在日常生活中善於將話題自然地轉向他希望顧客聽到的重點。當顧客對產品提出疑問時，這位老師並沒有直接回答，而是用一種輕鬆幽默的方式，引導顧客思考產品的價值。結果，他成功地將顧客的注意力從價格轉移到了產品的長期價值上，最終促成了交易。

以故事傳遞訊息，激發顧客的共鳴

每個人都喜歡聽故事，特別是能夠引發情感共鳴的故事。你可以用生活中的故事，或是成功案例來引導顧客做出決定。例如：當顧客對某個產品感到猶豫時，你可以講述一個使用者如何在使用產品後得到改善的故事，這樣可以讓顧客感受到產品的真實效果，從而更願意信任你的推薦。

這不僅是推銷產品，而是讓顧客感受到，他們選擇這個產品會改變他們的生活，帶來實質的好處。

隨時為顧客提供選擇，不給予過大壓力

過於強烈的銷售壓力往往會使顧客感到反感，從而選擇放棄。與其直接推銷產品，不如提供選擇，讓顧客感覺到他們是自主做出決定的。例如：當顧客對兩個產品有所猶豫時，你可以用這樣的語氣引導他們：

- 「這兩款產品各有優勢，您更傾向於哪一款？」
- 「如果您對價格有所考慮，我可以為您推薦 CP 值高的這一款。」

這樣的引導能讓顧客感覺自己仍然在掌控選擇權，而不會感受到強迫感。

第九章　讓成交變得簡單！說話不只是技巧，更是一種心理學

用輕描淡寫的方式揭示產品的優勢

當顧客對產品有疑慮時，可以以一種輕描淡寫的語氣告訴他們產品的優勢，而不是一味的推銷。這樣的方式能讓顧客感覺你並沒有強求他們，而是客觀地介紹事實。舉個例子：

「這款產品的材料是經過精心挑選的，耐用性強，您用過就知道。」

這樣的說法既不失禮貌，又不會讓顧客感覺到推銷的壓力，反而會讓他們更加認可你的產品。

保持真誠和透明，避免過度誇張

顧客往往能夠察覺到業務員的誠意。如果你在推銷過程中展現出過度誇張的話，顧客可能會感到不信任，甚至會立刻放棄。以真誠和透明的態度對待顧客，能建立起長期穩固的信任關係。例如：對於產品的缺點，你可以直接告訴顧客，並適當地強調如何改善或避免這些問題，這樣顧客會感受到你的誠實，從而更願意信任你。

與顧客建立長久關係，而非一次性交易

銷售並不是單純的推銷過程，而是與顧客之間建立信任的過程。通過**輕鬆的交流、真誠的態度、聆聽顧客需求**以及**潛移默化的引導**，你不僅能夠促進交易，還能讓顧客感受到你的誠意，進而建立長久的合作關係。這種友好和自然的銷售方式，將會使顧客對你的產品充滿信心，並且提高他們的購買意願。

潛移默化地引導顧客,讓他們自願做出選擇

拒絕是成交的開場白，說服客戶從「聆聽」開始：

營造神祕感、高定價策略、復刻產品、貨架焦點⋯⋯設計專屬誘因，每一樣商品都非買不可！

作　　　者：	林泰元
發 行 人：	黃振庭
出 版 者：	山頂視角文化事業有限公司
發 行 者：	山頂視角文化事業有限公司
E - m a i l：	sonbookservice@gmail.com
粉 絲 頁：	https://www.facebook.com/sonbookss/
網　　　址：	https://sonbook.net/
地　　　址：	台北市中正區重慶南路一段61號8樓

8F., No.61, Sec. 1, Chongqing S. Rd., Zhongzheng Dist., Taipei City 100, Taiwan

電　　　話：	(02)2370-3310
傳　　　真：	(02)2388-1990
印　　　刷：	京峯數位服務有限公司
律師顧問：	廣華律師事務所 張珮琦律師

-版權聲明-

本書作者使用AI協作，若有其他相關權利及授權需求請與本公司聯繫。

未經書面許可，不得複製、發行。

定　　價：450元
發行日期：2025年04月第一版
◎本書以POD印製

國家圖書館出版品預行編目資料

拒絕是成交的開場白，說服客戶從「聆聽」開始：營造神祕感、高定價策略、復刻產品、貨架焦點⋯⋯設計專屬誘因，每一樣商品都非買不可！/ 林泰元 著．-- 第一版．-- 臺北市：山頂視角文化事業有限公司，2025.04
面；　公分
POD版
ISBN 978-626-99568-9-0(平裝)
1.CST: 銷售 2.CST: 行銷心理學 3.CST: 顧客關係管理
496.5　　　　　114004004

電子書購買

爽讀APP　　　臉書